Andrea Tellmann

KRÄUTER-HEILKUNDE

FÜR SCHAFE UND ZIEGEN

INHALT

EINFÜHRUNG 5

Das Verhältnis von Pflanzen und Tieren 6
Schafe 9
Ziegen 11

Natürliche Lebensbedingungen für eine ausgewogene Ernährung 12
Wie lernen die Jungtiere, welche Pflanzen ihnen guttun? 12

Futter- und Heilkräuter für Ziegen und Schafe 16
Gesunder Kräutercocktail auf artenreichen Wiesen 16

Die wichtigsten Inhaltsstoffgruppen und ihre Wirkungen 18
Bitterstoffe 18
Gerbstoffe 19
Flavonoide 20
Schleimstoffe 21
Ätherische Öle 21
Saponine 23

Giftpflanzen 24

Kräuter sammeln, trocknen, aufbewahren 26
Wie sammelt man Heilpflanzen? 26
Wann ist der beste Sammelzeitpunkt? 26
Gute Sammelplätze 28
Ungeeignete Sammelplätze 28
Kräuter richtig trocknen 28
Kräuter richtig aufbewahren 29

Darreichungsformen und Zubereitung von Heilpflanzen 30
Darreichungsformen von Heilpflanzen 30
Grundrezepte für innerliche Zubereitungen 31
Grundrezepte für äußerliche Zubereitungen 36

PORTRÄTS DER WICHTIGSTEN HEILPFLANZEN UND HEILMITTEL 44

Ackerstiefmütterchen 46
Aloe 47
Anis 47
Arnika 48
Artischocke 49
Augentrost 49
Beinwell 50
Birke 51
Blutwurz 52
Brennnessel 53
Eibisch 54
Eiche 55
Engelwurz 56
Gelber Enzian 57
Fenchel 58
Fichte 59
Frauenmantel 59
Gänseblümchen 60
Gänsefingerkraut 60
Echte Goldrute 61
Gundermann 62
Heidelbeere 63
Hirtentäschel 63
Schwarzer Holunder 64
Ingwer 64
Johanniskraut 66
Kamille 67
Kümmel 68
Lein 69
Linde 70
Löwenzahn 71
Mädesüß 71
Malve 72
Mariendistel 73
Melisse 73
Pfefferminze 74
Ringelblume 75
Rosmarin 76
Salbei 77
Sanddorn 78
Schafgarbe 79
Spitzwegerich 79
Süßholz 80
Thymian 80
Wegwarte 81
Weide 82
Weißdorn 83
Weißkohl 84
Wermut 84
Zaubernuss 85

BESCHWERDEÜBERSICHT NACH ORGANSYSTEMEN – HEILPFLANZEN UND REZEPTUREN 87

Tiergesundheit 88

Heilpflanzen für den Verdauungstrakt 89
Ein gesunder Magen-Darm-Trakt sorgt für ein gesundes Immunsystem 90
Verdauungsstörungen im Magen-Darm-Trakt 91
Bewährte Rezepte bei Appetitlosigkeit und Verdauungsschwäche 94
Bewährte Rezepte bei Darmträgheit und Verstopfung 96
Bewährte Rezepte bei Aufgasen und Koliken 98
Bewährte Rezepte gegen Durchfall 101
Lämmerdurchfall 104

Heilpflanzen zur Stärkung der Atemwege 105
Bewährte Rezepte gegen Erkältung 108
Bewährte Rezepte gegen Schleimhautentzündung in Maul, Nüstern und Rachen 109
Bewährte Rezepte bei Atemwegserkrankungen mit Apathie, Schwäche und Fieber 110
Bewährte Rezepte gegen Bronchitis und Husten 111
Bewährte Rezepte gegen grippale Infekte 113
Bewährte Rezepte zur Abwehrstärkung bei chronischer Infektanfälligkeit 114

Heilpflanzen für Nieren und Harnwege 115

Heilpflanzen für die Haut 119
Wundarten 121
Wundheilung 121
Bewährte Rezepte für die Akutphase von Wunden 122
Bewährte Rezepte für die Ausheilungsphase von Wunden 124
Bewährte Rezepte für die Nachbehandlung von Wunden und Narben 124
Bewährte Rezepte bei Verbrennungen 125
Bewährte Rezepte bei Juckreiz 126
Bewährte Rezepte bei geschlossenen Wunden und stumpfen Verletzungen 128
Bewährte Rezepte zur Parasiten-, Insekten- und Zeckenabwehr 132

Heilpflanzen für das Auge 135

Heilpflanzen für die Lippen 137

Heilpflanzen für die Ohren 138

Heilpflanzen zur Klauenpflege 139

Heilpflanzen für Milchdrüsen und Milchbildung 143

SERVICE 149

Stallapotheke 150
Sekundäre Pflanzenstoffe von Heilkräutern 152
Heilpflanzen nach Inhaltsstoffgruppen (absteigender Wirkstoffgehalt) 152
Bezugsquellen für Fertigpräparate 153
Zum Weiterlesen 153
Register 154
Über die Autorin 158

Einführung

DAS VERHÄLTNIS VON PFLANZEN UND TIEREN

IM LAUF DER EVOLUTION haben nur solche Lebewesen auf der Erde überlebt, die sich optimal an die vorherrschenden Umweltbedingungen anpassen konnten. Diese Bedingungen haben sich im Laufe der Zeit zunächst durch Naturereignisse, wie zum Beispiel Vulkanausbrüche oder Erdbeben, und sehr viel später auch durch den Einfluss von uns Menschen drastisch verändert.

Während die Pflanzen ortsgebunden, also fest an einem Standort verwurzelt sind, bauen sie alles, was sie zu Wachstum und Fortpflanzung benötigen, aus Sonnenlicht, Luft, Wasser und den Nährstoffen in der Erde auf. In ihrer Ernährung sind Pflanzen unabhängig von den Tieren. Andersherum gilt das nicht: Pflanzen dienen Tieren und uns Menschen als Nahrung, Sauerstofflieferant und Heilmittel. Auch das Wohlergehen von Ziegen und Schafen ist von ihnen abhängig.

Pflanzen sind lebenswichtig für Tier und Mensch. Sie haben viele Mechanismen entwickelt, um sich vor Fraßfeinden, Konkurrenz oder widrigen Klimabedingungen zu schützen. Solche abwehrenden Mechanismen der Pflanzen sind beispielsweise ihr bitterer, brennender, scharfer oder zusammenziehender Geschmack. Auch die Reizung der Schleimhäute, etwa der Atemwege bei Pflanzenanbiss oder das Brennen und Tränen der Augen, sind solche Mechanismen.

Im Lauf von Jahrmillionen haben die Pflanzen daher vielfältige sekundäre Pflanzenstoffe entwickelt, die den Stoffwechsel und das Immunsystem unserer Pflanzenfresser beeinflussen. In der täglichen Auseinandersetzung mit den aufgenommenen Sekundärstoffen haben die Tiere wie auch wir Menschen gelernt, diese zu verstoffwechseln, zu entgiften und ihre gesundheitsunterstützenden Eigenschaften (beispielsweise abwehrende Wirkungen auf Mikroorganismen und Parasiten) zu nutzen.

Durch das Zähmen umherziehender Wildtiere und ihre Züchtung zu landwirtschaftlichen Nutztieren änderte sich das Leben der Tiere grundlegend und ihre Abhängigkeit vom Menschen wuchs immer mehr. Das Bevölkerungswachstum, größer werdende Städte sowie veränderte Lebens- und Ernährungsgewohnheiten von uns Menschen brachten neue Bedingungen für Tier und Mensch mit sich. Der Anbau von Kulturpflanzen wurde intensi-

Abwechslungsreiche Wiesen sind eine Apotheke der Natur. Hier wachsen unter anderem Löwenzahn, Wegerich, Frauenmantel, Schafgarbe und Ampfer. Im Vordergrund eine Rote Lichtnelke.

viert und förderte einen immer höheren Gehalt an Nährstoffen, wie Kohlenhydrate, Eiweiße und Fette, um alle Menschen und Tiere zu versorgen. Die Menschen versuchten mit der Zeit zudem, Kräuter und Nahrungspflanzen zu züchten, die pflegeleichter, resistenter gegen Schädlinge und länger haltbar und lagerfähig sind.

Leider wurden dabei die sekundären Pflanzenstoffe in den letzten Jahrzehnten gezielt aus unseren Pflanzen herausgezüchtet, etwa die Bitterstoffe aus Chicorée und Endiviensalat. Oder sie werden in warmem Wasser gewaschen, um den Bitterstoffgeschmack abzuschwächen. Heute geht der Trend zwar langsam wieder zu mehr Bitter in Gemüse und Salat, doch ob er von Dauer ist, muss sich noch erweisen. In der Haltung und Ernährung von Tieren merken wir allerdings, wie wichtig Pflanzenstoffe für deren und unser aller Gesundheit sind.

Schon lange hängt das Wohl der Tiere vom Menschen ab. Sie leben in Ställen oder eingezäunten Weiden und fressen dadurch oft nur einseitiges und energiereiches Futter. Häufig fehlt ihnen die Möglichkeit, intuitiv die Pflanze zu fressen, die ihnen in diesem Moment guttun würde, beispielsweise Schafgarbe bei Kolik. Am ehesten gelingt dies den Tieren, die in der Hüte- und Wanderhaltung leben. Hier ziehen Schafe und Ziegen im

Frühsommer über ertragreiches Grünland, während sie im Sommer, etwa in Landschaftsschutzgebieten, mit dem Abfressen der Wiesen gleichzeitig Landschaftspflege betreiben. Im Herbst geht es auf abgeerntete Ackerflächen, im Winter auf Grünlandflächen, wo dann allerdings Kraftfutter zugefüttert werden muss.

Einseitig ist die Koppelhaltung mit nur wenig Ausweichfläche. Tagaus, tagein haben die Tiere wenig abwechslungsreiches Futter. Viele Gemeinden mit waldigen oder steileren, schwer erschließbaren Flächen haben sich zu Ziegenzuchtvereinen zusammengeschlossen und beweiden ihre Hänge zur Landschaftspflege gemeinsam. Hier herrscht eine größere Artenvielfalt auf den Flächen und das Futter ist abwechslungsreicher.

Die Artenvielfalt der Wiesen mit ihrer Wildgras- und Kräutervegetation wurde von einigen wenigen Wirtschaftsgräsern verdrängt, die mehr Tiere pro Fläche ernähren können. Auf den fetten eingesäten Wiesen geraten die Wildpflanzen, die in ihrem Urzustand Verdauung und Immunsystem stärken, Krankheiten heilen und Tier und Mensch gesund erhalten konnten, ins Hintertreffen. Nur die Gewürzpflanzen haben ihren Stellenwert zwischen Nahrung und Arzneipflanze bewahrt.

Unsere heutigen Ziegen- und Schafrassen müssen sich an die vom Menschen geschaffenen Bedingungen anpassen und ihre Leistungen in Puncto Milch-, Fleisch- und Wollproduktion oder Fortpflanzungsrate steigern. Um diese Höchstleistungen erbringen zu können, benötigen die Tiere entsprechendes Hochleistungsfutter und kommen kaum mehr in den Genuss gesundheitsstärkender Wildpflanzen.

Zugleich sind die heutigen Ziegen- und Schafrassen durch den auf Leistung gezüchteten Genpool viel anfälliger für Krankheiten. Auch Haltungsfehler, wie zu enge Ställe, zu kleine Weiden und zu hohe Tierzahlen, aber auch Bewegungsmangel, fehlende Rangkämpfe und ungeklärte Herdenhierarchien sowie mangelnde Beschäftigung, führen zu erhöhter Aggression unter den Tieren.

Um den negativen Folgen dieser veränderten Haltungsbedingungen zu begegnen, werden vermehrt Medikamente, wie prophylaktische Antibiotikagaben, stark wirksame Antiparasitika, Eisen, Elektrolyte, Entzündungshemmer, Impfstoffe und dergleichen eingesetzt, um die Tiere widerstands- und leistungsfähiger zu machen. Zunehmende Resistenzen und Nebenwirkungen lassen dabei einen Teufelskreis entstehen, in den wir immer tiefer hineinzurutschen drohen. Dieses Buch will den Teufelskreis durchbrechen und Ihnen zeigen, wie Sie mit der Vielfalt unserer heimischen Heilkräuter Ihre Tiere stärken, Krankheiten vorbeugen und Beschwerden lindern können. Beachten Sie bei meinen Ratschlägen aber immer, dass Kräuter bei ernsthaften Erkrankungen nicht den Tierarzt ersetzen!

SCHAFE

Schafe sind Herdentiere, die gemeinsam umherziehen und sich gegenseitig Schutz bieten. Einzeltiere suchen stets die Nähe der Herde und schreien verzweifelt, wenn sie allein zurückbleiben. Schafe sind genügsam und leben üblicherweise in kargen Küsten- und Gebirgsregionen oder auf Grenzertragsflächen. Durch ihre besondere Zahnstellung fressen sie die Grasnarbe sehr tief ab. Dabei schädigen sie zum Teil die Wurzeln der Gräser.

Im Verhältnis zu Körperlänge und Gewicht hat das Schaf einen großen Magen und einen langen Darm. Daher vermag es auch auf nachteiligen, extensiv genutzten Flächen umherzuziehen und zu weiden. Schafe fressen Gräser, Kräuter, Flechten und auch Sträucher, wobei sie kontinuierlich weiterziehen. Während der Ruhepausen liegen sie in kleinen befreundeten Grüppchen unter Schattenbäumen, um genüsslich wiederzukäuen.

Schafe können gut Farben (besonders Grün- und Gelbtöne) sehen und so verschiedene Grünpflanzen gut unterscheiden. Sie verfügen über einen Panoramablick, sehen also sehr gut nach beiden Seiten und auch nach hinten. So können sie Gefahren rechtzeitig erkennen. Bemerken sie eine Gefahr, etwa einen streunenden Hund, drohen sie und vertreiben den Feind durch starkes Aufstampfen und Schlagen mit Kopf oder Vorderfuß. Dieses angeborene Abwehrverhalten kann große Hunde und Wölfe in die Flucht schlagen oder sogar töten.

In der Herde finden Schafe Schutz.

Machen Schafe eine größere Gefahr aus, wie zum Beispiel Unwetter, fremde Tiere oder laute Menschen, flüchten sie zunächst in heller Panik als ganze Herde. Jagt sie ein einzelner Feind, etwa ein Hund, teilen sie sich in kleine Grüppchen auf und rennen in verschiedene Richtungen davon. In ihrer Panik kann es sogar vorkommen, dass sie einander zu Tode trampeln oder sich erdrücken, wenn nicht genügend Platz vorhanden ist.

In der Rangordnung der Schafe spielen geschlechtsreife Böcke eine dominante Rolle und kämpfen um ihre Rolle in der Hierarchie. Das Leittier der Mutterschafe ist dagegen ein erfahrenes Altschaf, das die Herde anführt.

Eine entspannte Schafherde erkennt man unter anderem an den herumtollenden Lämmern, die auf diese Weise spielerisch Flucht-, Lauf-, Kampf- und Sexualverhalten üben. Oft nehmen daran auch die jungen Erwachsenentiere teil und proben so den Ernstfall.

Ziegen entdecken immer gerne Neues.

ZIEGEN

Ziegen sind deutlich lebhafter als Schafe. Auch sie suchen die Gesellschaft ihrer Artgenossen, aber auch von anderen Tieren (Esel, Pferde, Kaninchen, Hühner) und von uns Menschen. Ziegen bauen dabei Beziehungen zu ihrem Umfeld auf, die es ihnen erschweren, sich an eine veränderte Umgebung, eine neue Herde oder fremde Menschen zu gewöhnen. Dabei können sie richtiggehend trauern. Dies merkt man beispielsweise an langanhaltendem Meckern oder der Wasser- und Futterverweigerung.

Ziegen haben einen großen Bewegungsdrang und ziehen beim Weiden umher. Was das Futter betrifft, sind sie eher anspruchslos. Gern fressen sie Klee, Kräuter und Sträucher. Dennoch können sie wählerisch sein und gehen deshalb immer wieder eigene Wege. Sie lieben junge Blätter, Knospen, Rinden, Gebüsch (im Mittelmeerraum Macchia genannt) und Blüten. Ist der Zaun nicht hoch oder dicht genug, ist kein Leckerbissen vor ihnen sicher. Ziegen sind sehr neugierig und lieben es, neue Orte und Futterplätze für sich zu erschließen oder einfach einmal einen kleinen Spaziergang außerhalb des Zauns einzulegen und die Rosen der Nachbarn zu kosten. Ziegen weiden nicht so gerne dicht über dem Boden und sind nicht immun gegen natürliche Weideparasiten.

In ihren Ruhephasen liegen Ziegen gern erhöht, sodass sie mögliche Gefahren besser erkennen. Oft besetzen Alttiere, die erfahren sind und daher schneller reagieren können, diese Plätze. Aber auch auf Felsvorsprüngen, alten Bäumen und Stämmen oder anderen hohen Sonnenplätzen ruhen Ziegen sich gern aus und käuen genüsslich wieder.

Ziegen benötigen viel Platz für ihre ausgiebigen Rangkämpfe. Oft ist es schwierig, behornte und unbehornte Tiere zusammen zu halten. Die hornlosen Ziegen sind dabei immer im Nachteil. Auch bei gemeinsamer Haltung mit Schafen dominieren die Ziegen die Herde.
Bei den Kämpfen um die Rangordnung lassen Ziegen ihre Köpfe zusammenkrachen, bis einer der Kontrahenten nachgibt. Um mehr Wucht zu gewinnen, steigen sie auf die Hinterbeine und attackieren so ihren Rivalen. Häufig führt das zu blutigen Wunden am Schädel.

NATÜRLICHE LEBENSBEDINGUNGEN FÜR EINE AUSGEWOGENE ERNÄHRUNG

FREI LEBENDE TIERE haben die Möglichkeit, das für sie passende Futter in ihrem Umfeld zu finden. Durch genaue Selbstwahrnehmung wählen sie bei Bedarf instinktiv, was ihr Körper gerade braucht, zum Beispiel verdauungsfördernde Bitterstoffpflanzen oder stopfende Gerbstoffpflanzen. So steigern sie ihr Wohlbefinden.

Die Körperwahrnehmung von Tieren erfolgt dabei über nach außen sowie nach innen gerichtete Wahrnehmung. Das nach außen gerichtete Wahrnehmen geschieht über das Sehen, Fühlen und Tasten, aber auch das Riechen und Schmecken sind daran beteiligt.

Der Riechsinn ist wohl das älteste Sinnessystem der Lebewesen. Durch Schnüffeln und Schnuppern gelangen die Duftmoleküle durch die Nase zu den Riechzellen und docken an sogenannte Chemorezeptoren an. Für jeden Duft gibt es spezifische Rezeptoren, die mit ihm nach dem Schlüssel-Schloss-Prinzip zusammenpassen. So löst er eine bestimmte Reaktion im Körper aus. Aber nicht nur durch die Nase, sondern auch über den Rachenraum werden die Sinnesinformationen durch das Aufsteigen der Gerüche von Futter und Trinken aufgenommen, ins Gehirn weitergeleitet und dort gespeichert. So bauen die Jungtiere ein immer umfangreicheres Geruchs- und Geschmacksgedächtnis auf. Je neugieriger sie sind und ausprobieren, was die Eltern fressen, desto vielfältiger wird ihr Geruchsgedächtnis.

WIE LERNEN DIE JUNGTIERE, WELCHE PFLANZEN IHNEN GUTTUN?

Die Wahrnehmung der Gerüche und Geschmäcker ist der erste Schritt. Durch die nach innen gerichtete Wahrnehmung (auch Tiefensensibilität genannt) erleben die Tiere im zweiten Schritt, welche Wirkungen das Fressen der Pflanze im Körper auslöst, zum Beispiel, dass Schafgarbe Koliken und andere Kräuter Schmerzen lindern. Ebenso sammeln sie Erfahrungen, dass bestimmte Pflanzen Übelkeit, Schwäche, Müdigkeit, Völlegefühl oder

Beim Umherziehen wählen Schafe sich die besten Gräser aus.

Durchfall hervorrufen. Diese positiven wie negativen Erfahrungen werden mit dem spezifischen Duft verknüpft und in Zukunft entweder gesucht oder gemieden.

Je größer und abwechslungsreicher das Lernangebot an Pflanzen ist, desto größer der Erfahrungsschatz und desto sicherer sind Tiere bei der Wahl ihres Futters. So erklärt sich auch die Tatsache, dass Schafe die Schafgarbe normalerweise stehen lassen, sie jedoch bei kolikartigen Durchfällen als linderndes Heilkraut fressen. Die Verknüpfung von Geschmack und Körperwahrnehmung beeinflusst also das Fressverhalten unserer Ziegen und Schafe. Leider treten heutzutage häufig Akzeptanzprobleme beim therapeutischen Einsatz von Heilpflanzen auf, da wir unsere Ziegen und Schafe auf künstlich aromatisierte Fertigfutter konditioniert haben und sie dadurch das natürliche Geruchs- und Geschmacksgedächtnis oft nur noch unvollkommen aufbauen konnten.

In der Natur verwenden Pflanzen bestimmte Inhaltsstoffe, die sogenannten sekundären Pflanzenstoffe, um sich vor krankmachenden Keimen, vor UV- und Sonneneinstrahlung, Frost und Dürre sowie vor Konkurrenz zu schützen. Auch nutzen Pflanzen die Bitter-, Gerb- und Scharfstoffe, um das Gefressenwerden zu verhindern. Manche haben sogar Kommunikationswege gefunden, um Nachbarpflanzen vor Gefahr zu warnen. Diese schmecken dann bereits bitter, obwohl sie noch gar nicht angebissen wurden. Daher ziehen die Pflanzenfresser während der Nahrungsaufnahme weiter und sorgen damit gleichzeitig dafür, dass ihr Futter nachwachsen und ihr Überleben sichern kann. Ziegen und Schafe mussten sich im Laufe der Evolution

Erste gesunde Frühjahrskräuter: Erste Reihe: Bibernell, Ehrenpreis, Löwenzahn, Brennnessel
Zweite Reihe: Scharbockskraut, Vogelmiere Spitzwegerich, Labkraut
Dritte Reihe: Kleiner Sauerampfer, Gänseblümchen, kleiner Wiesenknopf, Veilchen, Schafgarbe

immer wieder an solche abwehrenden Wirkungen der Pflanzen gewöhnen und diese zu ihrem Vorteil nutzen.

Die erwähnten Wirkstoffe auf kräuterreichen Wiesen regen die Verdauungssäfte und den Stoffwechsel an. Dadurch stärken sie das Immunsystem, das unter anderem in der Darmschleimhaut beheimatet ist, und beugen so Krankheiten vor. Arten- und wirkstoffreiches Futter ermöglicht den Tieren vielfältige Wahl- und Lernmöglichkeiten. Über die Futterwahl können Sie daher ihre Darmgesundheit steuern.

Durch die wirksame Ausscheidung von Giften, etwa durch allgemeine Stoffwechselanregung, vermehrte Drüsenproduktion in Magen-Darm-Trakt oder Atemwegen, erhöhte Harnausscheidung, Durchblutungsförderung, Anregung der körperlichen Abwehr, Stärkung der Entgiftungsfunktion der Leber sowie der Entgiftung über Darm und Pansenflora, können die sekundären Pflanzenstoffe die Selbstheilungskräfte unserer Tiere aktivieren.

Tiere auf Wirtschaftsweiden haben diese vielfältigen Möglichkeiten nicht und sind sehr einseitig ernährt. Die teils eingesäten Wiesen bestehen aus nur wenigen kalorienreichen Futterkräutern (häufig zwei bis drei Grassorten), die aber wenig verschiedene Inhaltsstoffe aufweisen. Dadurch haben die Tiere beim Futter kaum Wahlmöglichkeiten und lernen nicht, durch das Fressen bestimmter Pflanzen auf ihre Befindlichkeit zu reagieren.

Besonders gefährlich ist für die Tiere das sogenannte Sauberweiden oder das immer wieder neue Vorlegen des von den Tieren aussortieren, heruntergeschmissenen Futters, wenn der Trog leer ist. Denn durch den Hunger und aus Mangel an alternativem Futterangebot fressen die Tiere irgendwann alles, was in den Trog kommt oder auf der Weide steht, darunter auch giftige Pflanzen, wie Herbstzeitlose, Wolfsmilchgewächse, Adlerfarn oder Sumpfschachtelhalm. Dieses Wegfallen der natürlichen Fressbremse kann dann sogar zu Vergiftungen führen.

Wie schon angedeutet werden heutzutage sekundäre Pflanzenwirkstoffe, wie etwa Scharfstoffe, Senföle oder Bitterstoffe, immer mehr aus Pflanzen herausgezüchtet, damit sie weniger intensiv schmecken und besser verträglich sind. Auch Überdüngung, zu viel Feuchtigkeit oder zu frühes Ernten im noch unreifen Zustand senken oder eliminieren die erwähnte Fressbremse und gefährden die Tiere zusätzlich.

Für Schafe ist es zum Beispiel gefährlich, wenn man sie auf Rapsfeldern mit der neuen Zuchtsorte „00“-Raps weiden lässt. Dieser Raps enthält nur noch sehr wenig scharfe Senföle, sodass die eingebaute Fressbremse fehlt. Würden Schafe auf diesen Feldern ungebremst Raps fressen, könnte es bei ihnen zu schaumiger Gärung und schwerer Symptomatik bis hin zum Tod kommen.

Zusammenfassend können wir festhalten, dass eine artenreiche, gesunde Nahrung für einen gesunden Darm, ein gesundes Mikrobiom und damit für ein funktionierendes Immunsystem sorgt. Dies macht unsere Ziegen und Schafe widerstandsfähiger gegen krankmachende Keime. Lassen Sie uns also genauer hinschauen, was gesunde Nahrung für Ziegen und Schafe ausmacht.

FUTTER- UND HEILKRÄUTER FÜR ZIEGEN UND SCHAFE

ABWECHSLUNGSREICHE WIESEN mit einer großen Artenvielfalt von Kräutern und Gräsern bieten unseren Tieren die Möglichkeit, ihr Futter nach ihren Bedürfnissen auszuwählen und ihren gesunden Kräutercocktail selbst zusammenzustellen.

GESUNDER KRÄUTERCOCKTAIL AUF ARTENREICHEN WIESEN

Bei Wiesen und Weiden unterscheidet man zwischen intensiv und extensiv genutzten Flächen. Auf den Intensivwiesen geht es um die Optimierung der Erträge und die Verbesserung der Futterqualität. Entsprechend wird die Wiese gedüngt und bearbeitet. Zumeist schmückt sie sich im April oder Mai mit gelbem Löwenzahn, was schön anzuschauen, aber auch ein Zeichen von Überdüngung und schweren, stickstoffreichen Böden ist. Ansonsten findet man auf diesen Wiesen neben „fettem" Futtergras vor allem den giftigen Hahnenfuß, Sauerampfer oder Spitzwegerich.

Extensiv genutzte Wiesen hingegen kommen oft auf mageren Böden vor. Als arten- und blütenreiche Wiesen und Weiden beherbergen sie eine vielfältige Pflanzen- und Tierwelt und werden vor allem zur Heugewinnung genutzt. Der erste Schnitt findet bei ihnen erst spät Ende Juni bis Anfang Juli statt, wenn viele Kräuter und Gräser ihre Samenreife bereits abgeschlossen haben.

Artenreiche Wiesen spiegeln unsere traditionelle Kultur- und Naturlandschaft wider. Sie sind ein wunderbar erholsamer Fleck Heimat für uns Menschen und ein vielfältiger Lebensraum für Tiere und Pflanzen.

Der Kräutercocktail, der auf diesen artenreichen Wiesen wächst, ist sehr vielfältig, nicht nur in Bezug auf die Pflanzenarten, sondern auch, was die Wirkstoffgruppen betrifft. Hier finden wir unter anderem appetitanregende, verdauungsfördernde und kräftigende **Bitterstoffpflanzen**, wie etwa Erdrauch, Schafgarbe, Beifuß, Wegwarte, Habichtskraut und in höheren Lagen auch Enzian. Diese Kräuter wachsen bevorzugt auf mageren und trockenen Flächen.

In der Wirkung unterstützt werden die Bitterstoffpflanzen von den **senfölhaltigen** Pflanzen, wie etwa Wiesenschaumkraut, Knoblauchrauke, den Kressearten und Lauchgewächsen (beispielsweise Bärlauch). Zum verdauungsfördernden Effekt kommen bei ihnen noch wurmabtötende und insektizide Wirkungen hinzu.

An **Gerbstoffpflanzen** finden wir auf Extensivweiden beispielsweise Gänsefingerkraut und Wiesenknopf, Blutweiderich, Frauenmantel, Augentrost, Blutwurz, Labkraut sowie Brom- und Himbeeren.

Zu den gelb und hellgrün wachsenden Pflanzen mit entzündungshemmenden **Flavonoiden** zählen unter anderem Brennnessel, Johanniskraut, Mädesüß, Ackerstiefmütterchen, Weißdorn, wilde Möhre und Margariten.

Auch duftende, aromatische Pflanzen mit **ätherischen Ölen**, wie Kamille, Schafgarbe, Dost, Kümmel, Wiesenkerbel, wilder Thymian und Gundermann, fehlen auf artenreichen Wiesen nicht. Ebenso wenig Goldrute, Seifenkraut, Bibernelle, Gänseblümchen, Königskerze und Hirtentäschel, die schleimlösende **Saponine** enthalten.

Schleimstoffe wiederum finden wir bevorzugt in Königskerze, Malve sowie Spitz- und Breitwegerich.

Nicht nur schön anzusehen: Der Kräutercocktail einer artenreichen Wiese bietet vielseitiges Futter. Hier zum Beispiel Malven- und Königskerzenblüten sowie Spitzwegerichblätter.

DIE WICHTIGSTEN INHALTSSTOFF-GRUPPEN UND IHRE WIRKUNGEN

PFLANZEN ENTHALTEN eine Vielzahl von Inhaltsstoffen in unterschiedlicher Zusammensetzung und mit verschiedenen Eigenschaften. Das komplexe Gemisch dieser Inhaltsstoffe bestimmt die Wirkung der Kräuter und Kräutermischungen auf den Körper. Eine Übersicht der in diesem Buch behandelten Pflanzen und ihrer wichtigsten Inhaltsstoffe finden Sie im Serviceteil ab Seite 152.

Mariendistelsamen – ein gesundes Bitter- und hervorragendes Lebermittel

BITTERSTOFFE

Pflanzen mit Bitterstoffen haben ein intensives Aroma und schmecken schon in kleinsten Mengen bitter. Jungtiere lehnen diese Kräuter oft ab, schließlich dienen Bitterstoffe den Pflanzen nicht umsonst als Fraßschutz. Ältere oder kranke Tiere hingegen wissen die Kraft der Bitterstoffe instinktiv zu nutzen.

„Was bitter dem Mund, macht den Magen gesund!" In dieser alten Weisheit spiegelt sich der Gedanke, Medizin müsse bitter sein, damit sie wirkt. Bittermittel waren und sind vielseitige Heilmittel, da sie den gesamten Körper stärken, kräftigen und stimulieren. Sie wirken durchblutungsfördernd und wärmend, regen den Kreislauf an und stärken Antrieb und Stimmung – und zwar nicht nur beim Menschen, sondern auch bei unseren Tieren. Woran liegt das?

Der bittere Geschmack regt die Bildung und Ausschüttung der Verdauungssäfte an. Das beginnt bereits im Maul des Tiers mit einer erhöhten Speichelsekretion. Reflektorisch werden zugleich die Produktion der Verdauungssäfte sowie deren Ausschüttung in Gang gesetzt. Dies sorgt dafür, dass das aufgenommene Futter besser aufgespalten und verdaut wird. Besonders bei Appetitlosigkeit, geschwächten und alten Tieren, bei aufgeblähtem Pansen, zu Verstopfung neigenden Tieren oder bei Mangel an Verdauungssäften werden Bittermittel erfolgreich eingesetzt. Auch nach längeren Krankheiten oder bei Erschöpfung, etwa durch eine schwere Geburt, empfiehlt es sich, die Tiere mit Bitterstoffen zur besseren Erholung sowie zur Kräfte- und Abwehrstärkung zu unterstützen.

In der Darmschleimhaut sitzt aber auch ein Teil des Immunsystems, das durch eine bessere Durchblutung der Schleimhäute die unspezifische Abwehr mittels weißer Blutkörperchen fördert. Auch die Blutbildung der roten Blutkörperchen sowie die Aufnahme anderer wichtiger Stoffe wie Vitamin B12 aus dem Nahrungsbrei wird durch Bitterstoffe stimuliert.

Vorsichtig einsetzen sollten Sie Bitterstoffe allerdings bei Tieren, die zu akuter oder chronischer Schleimhautentzündung im Verdauungstrakt neigen.

Bitterstoffdrogen sind zum Beispiel Wurzeln des Gelben Enzians, Artischockenblätter, Mariendistelsamen, Wermutblätter, Engelwurzwurzel, Schafgarbenblüten, Löwenzahnkraut und Löwenzahnwurzel sowie Wegwartenkraut und Wegwartenwurzel.

GERBSTOFFE

Gerbstoffe kommen in allen Pflanzen vor. Sie schützen diese gegen Fäulnis, Bakterienbefall und andere Schädlinge sowie vor Feuchtigkeitsverlust. Daher finden wir Gerbstoffe vor allem in Rinde und Wurzel. Im Stoffwechsel der Pflanze sind sie unter anderem die Grundlage für die Synthese weiterer Pflanzeninhaltsstoffe.

Gerbstoffe wirken im Körper zusammenziehend und dichten die Zellwände ab. So haben im Darm Blutwurz, Eiche, Schwarztee oder getrocknete Heidelbeeren bei Durchfall austrocknende, stopfende und schleimhautschützende Wirkung. Bei oberflächlichen Wunden wirken Blutwurz, Eichenrinde und Gänsefingerkraut blutungsstillend und lindern Schmerzen und Juckreiz. Salbei wiederum wirkt auf Schweiß- oder Milchdrüsen sekretionshemmend und erleichtert das Trockenstellen der Muttertiere beim Absetzen der Lämmer.

Das Zusammenziehen und „Verdichten“ der Haut- und Schleimhaut entzieht auch den Bakterien (besonders Salbei und Schwarztee) sowie Viren (vornehmlich Melisse) den Nährboden. Nicht zuletzt wirken die Gerbstoffe in Zaubernuss, Walnuss und Eiche unter anderem reizlindernd, entzündungswidrig und wundheilungsfördernd.

Gerbstoffe sind gut in kochendem Wasser löslich, mit Alkohol lassen sie sich auch kalt extrahieren. Zu lange oder zu hohe Dosierungen führen zu Reizungen der Schleimhäute, zu Verstopfung, trockener Haut und Schleimhaut (Ekzeme) und können bei Langzeitanwendung die Leber schädigen.

Bunter Wirkstoffcocktail unter anderem aus Schleimstoffen, Flavonoiden und ätherischen Ölen

FLAVONOIDE

„Flavus“ kommt aus dem Lateinischen und heißt „gelb“. Flavonoide sind gelblich orange Pflanzenfarbstoffe und kommen besonders in Pflanzenteilen vor, die stärker der Sonne ausgesetzt sind, etwa Blüte, Stängel, Blätter, Früchte und Rinde. In fast jedem Gemüse und Obst sind sie enthalten. Flavonoide sind eine der häufigsten Wirkstoffgruppen der Pflanzen und haben ein sehr breites Wirkungsspektrum. Sie sind essenziell für Mensch und Tier und können gut über das Futter aufgenommen, aber ebenso schnell wieder ausgeschieden werden.

Flavonoide schützen Menschen, Tiere und Pflanzen vor dem UV-Licht der Sonne und helfen, Zell- und Gefäßwände abzudichten. Goldrute und Kastanie wirken zum Beispiel gefäßabdichtend und abschwellend, während Weißdorn den gesamten Organismus und besonders das Herz stärkt.

Entzündungshemmende und wundheilungsfördernde Eigenschaften finden wir in Kamille, Schafgarbe, Ackerstiefmütterchen, Königskerze, Ringelblume, Sanddorn und Johanniskraut.

Auf die Leber wirken die Flavonoide in Mariendistel und Artischocke zell- und leber-schützend. In Linden- und Holunderblüten haben sie schweißtreibende, in Mädesüß zusätzlich fiebersenkende Eigenschaften. Auch in Birke, Goldrute und Ackerschachtelhalm entfalten die Flavonoide entzündungshemmende und harntreibend Wirkung.

Als Langzeitmittel werden Flavonoide unter anderem bei Herzkreislauferkrankungen, Venenschwäche, Lebererkrankungen, Fieber sowie bei Schwellungen verabreicht. Da sie hitzestabil sind, eignen sie sich gut für Tees.

SCHLEIMSTOFFE

Die Schleimstoffe in Pflanzen sind große Moleküle und gehören chemikalisch zu den Polysacchariden oder Kohlenhydraten. Sie sind wasserliebend und wasserbindend, adsorbieren aber auch Nähr- und Giftstoffe. Dabei quellen sie stark auf und bilden eine schleimige, viskose Flüssigkeit, die an Oberflächen haften bleibt. Dadurch besitzen Schleimstoffe abdeckende und einhüllende Eigenschaften.

Pflanzen benötigen Schleime beispielsweise in Samen, damit diese das Wasser aus der Erde binden können und aufquellen. So können sie keimen und wachsen. Auch für den Pflanzenstoffwechsel und als Speicher spielen sie eine wichtige Rolle, etwa beim Überwintern. Schleimstoffe pflegen Haut und Schleimhäute des Verdauungstrakts und der Atemwege. Sie wirken entzündungshemmend und beruhigend auf die Haut und Schleimhaut (Ackerstiefmütterchen, Gänseblümchen, Malve), schützen die Schleimhäute (Leinsamen, Ringelblume, Malve, Eibisch) und lindern Hautreize oder Schmerzen (Spitzwegerich, Aloe). Weitere Einsatzgebiete sind folgende:

- Bei trockenen Ekzemen oder juckenden Augen bringen Spitzwegerich, Malve, Aloe oder Lein Kühlung und befeuchten. Sie wirken unter anderem abdeckend, einhüllend und juckreizlindernd.
- Trockenen Reizhusten lindern Spitzwegerich, Königskerze, Malve und Huflattich. Hauterweichend wirken Bockshornklee- oder Leinsamenkataplasmen.
- Bei Übersäuerung puffern und neutralisieren Malven-, Isländisch-Moos- und Leinsamen-Mazerate übermäßige Pansensaft- und Säureproduktion.
- Stuhlregulierende, flüssigkeits- und giftstoffbindende Eigenschaften haben in Mägen und Pansen, etwa bei Durchfall, Lein- und Flohsamen.

HINWEIS

Benötigen Ihre Tier Medikamente, sollten Sie diese mit 30 Minuten Abstand zu Schleimzubereitungen verabreichen. Die Schleimstoffe auf der Schleimhaut des Verdauungstraktes können die Resorption der Medikamente verzögern oder vermindern.

ÄTHERISCHE ÖLE

Ätherische Öle sind kleinste, fettlösliche Duftmoleküle, die in speziellen Duftbehältern der Blüten, Blätter, Wurzeln, Rinden oder Schalen der Pflanzen gebildet und gespeichert werden. Jede Pflanze hat ihren individuellen Duft, der als Insektenlockstoff oder Fraßschutz vor Verbiss, zur Kommunikation untereinander oder als Krankheitsschutz etwa vor Bakterien, Viren oder Pilzen dient. Im Sommer duften die Pflanzen mittags am stärksten, da die Hitze die ätherischen Öle aus den Drüsenzellen regelrecht „verduften" lässt und diese einen aromatischen Sonnenschutz um die Pflanze bilden.

Ein wahres Festessen: aromatische Kräuterbissen als Leckerei

Getrocknete Teile von Heilpflanzen, die ätherische Öle enthalten, werden Ätherisch-Öl-Drogen genannt. Sie sind bei Tier und Mensch beliebt und haben ein vielfältiges Wirkungs- und Anwendungsspektrum. Als Hustentee, zum Beispiel mit Fenchel, Engelwurz oder Thymian sind sie keimhemmend, hustenreizdämpfend, schleimlösend und auswurffördernd. Im Verdauungstrakt haben Rosmarin, Salbei, Schafgarbe, Fenchel, Thymian und Pfefferminze appetit- und verdauungsfördernde sowie krampflösende und entblähende Wirkung.

Besonders bei Koliken haben sich Anis, Fenchel, Kamille, Schafgarbe, Melisse und Pfefferminze bewährt. Kreislaufstimulierend, tonisierend und aktivierend wirken hingegen Rosmarin, Thymian, Minze und Wermut. Kamille und Ringelblume sind stark entzündungshemmende und wundheilungsfördernde ätherisch-öl-haltige Pflanzen.

Ätherisch-Öl-Drogen wirken milder als reine ätherische Öle und werden von den Tieren gut toleriert und meist gerne gefressen. Sie können gut in Lecksalz oder Bissen eingearbeitet und natürlich als Tees verabreicht werden. Rezepturen hierzu finden Sie ab Seite 98.w

HINWEIS

Reine ätherische Öle sind sehr wirkintensiv und werden aus Sicherheitsgründen in diesem Buch nicht behandelt.

SAPONINE

Zerschneiden Sie Efeublätter, geben sie in kaltes Wasser und schütteln dieses, entsteht ein seifenähnlicher Schaum. Grund dafür sind die im Efeu enthaltenen Saponine. Das Wort Saponin kommt aus dem Lateinischen „sapor“ und bedeutet Seife. Saponine verringern die Oberflächenspannung von Flüssigkeiten und verbinden Wasser und Luft zu Schaum. Durch die Blasenbildung können sich die gegensätzlichen Stoffe besser aneinanderbinden und beispielsweise als Emulgator für Fette und ätherische Öle (Schaumbad) dienen. Saponine erhöhen aber auch die Aufnahmefähigkeit von Nahrungs- und Arzneimitteln aus dem Darm ins Blut. Sie schmecken meist bitter oder kratzig und werden von den Pflanzen als Fraßschutz gebildet.

Saponine wirken sowohl, schleimlösend als auch auswurffördernd. Sie regen die Aktivität der Flimmerhärchen im Atemtrakt an und sorgen so dafür, den Schleim nach außen zu transportieren. Typische sogenannte Expektoranzien sind zum Beispiel Efeu (als Fertigpräparat, siehe Tabelle Seite 107), Schlüsselblume, Seifenkraut und Königskerze. Weiterhin haben Saponine auch bakterien- und pilzhemmende (Schlüsselblume, Efeu, Goldrute) sowie antivirale (Efeu, Süßholz) Wirkung. Ihren harntreibenden Effekt (Goldrute, Birke, Ackerstiefmütterchen) nutzt man bei Harnwegsinfekten und Nierengrieß zum Durchspülen der Harnwege. Auch die schweißtreibende Wirkung von Linde und Holunder sowie der stoffwechselanregende und resorptionsfördernde Einfluss von Vogelmiere, Schlüsselblume, Veilchen, Gänseblümchen, Stiefmütterchen oder Birke hilft, den Körper über Haut und Schleimhaut zu entgiften, und fördert die Regeneration. Schließlich zeigen die Saponine unter anderem in der Rosskastanie gefäßwandabdichtende, venenstärkende und abschwellende Eigenschaften und werden bei Venenschwäche und Neigung zu Schwellungen eingesetzt.

HINWEIS

In zu hohen Dosen können Saponine Übelkeit und Erbrechen, Schleimhautreizungen und Entzündungen hervorrufen. Bei Saponinvergiftung kann es zum Platzen der roten Blutkörperchen kommen. In kleinen Mengen vertragen Tiere – im Gegensatz zum Menschen! – frischen Efeu und Kastanie, die beide viel Saponin enthalten.

GIFTPFLANZEN

FÜR ZIEGEN UND SCHAFE sind viele Pflanzen in der freien Natur mehr oder weniger giftig. Durch extensive Weidehaltung, ein ausreichendes Futterangebot und das Aufwachsen vor Ort kommt es aber selten zu ernsthaften Vergiftungen. Denn Ziegen und Schafe kennen die für sie schädlichen Pflanzen. Durch den abweisenden Geruch und Geschmack vermeiden sie die Aufnahme großer Mengen etwa von Eiche, Eisenhut, Hahnenfußarten, Herbstzeitloser, Kornrade, Maiglöckchen, Schierling, Schöllkraut, Thuja oder Wolfsmilcharten. Auch Bingelkraut, Germer, Sauerklee, Sauerampfer oder Tabak nehmen sie nur selten auf.

Ziegen haben hierbei den Vorteil, dass sie sehr neugierig sind und schnell von einer zur anderen Pflanzenart wechseln. Zugleich aber sind sie bei der Nahrungsaufnahme recht wählerisch, sodass sie kaum Gefahr laufen, zu viel von der schädlichen Pflanze zu vertilgen.

Schafe hingegen sind weniger empfindlich und vertragen so manche Schadstoffe, etwa von Goldregen, Wasserschierling, Eibe, Oleander und Senfschrot, besser als Tiere mit einhöhligem Magen. Dennoch sollten vor allem Pflanzen wie Adler- und Wurmfarn, Alpenrose, Aronstab, Besenginster, Ginster, Pfaffenhütchen, Rhododendron, Eibe, Jakobskreuzkraut, Geißraute, Knollenblätterpilz, Wolfsmilchgewächse sowie Efeu in hohen Dosierungen gemieden werden.

Weitere Gefahren sind:

- Vergiftung durch Schadstoffe in feldmäßig angebauten Futterplanzen oder Handelsfutter,
- Vergiftung durch hohe Nitrat- und Nitritgehalte in Raps, Rübenblatt, Mais, Sonnenblumen durch übermäßige Düngung,
- Senfölglykosid-Vergiftung in Kohlarten Raps, Rübe oder Senf,
- Lichtkrankheit (Hypericismus) durch Fressen großer Mengen an Johanniskraut oder Buchweizen,
- Vergiftung durch zu viel Bitterstoffe mit Alkaloiden in Lupinen,
- Vergiftung durch ein Übermaß an Oxalsäure in Ampfer, Melde, Sauerklee, Rübenblättern, Blattgemüse wie Rhabarber und Spinat,
- Solanionvergiftung durch Aufnahme großer Mengen Kartoffeln, Tomaten oder Tabak.

Haben Ihre Tiere giftige Pflanzen gefressen, sollten Sie sofort herausfinden:

- **Was** wurde gefressen? (Name der Pflanze, genaue Beschreibung oder Foto)
- **Wie viel** wurde gefressen?
- **Wann** wurde es gefressen?
- **Welche Symptome** hat das Tier?

Mit dieser Info kontaktieren Sie sofort Ihren Tierarzt und die regionale Giftnotrufzentrale, um die Schwere der Vergiftung erfassen und sofortige Gegenmaßnahmen (etwa die Gabe von Kohle) einleiten zu können. Bei Vergiftungen können Sie die Leber in ihrer Funktion unterstützen, indem Sie ein Mariendistelpräparat von Ihrem Tierarzt verabreichen lassen.

Das giftige Jakobskreuzkraut kommt leider immer häufiger auf Weiden vor.

KRÄUTER SAMMELN, TROCKNEN, AUFBEWAHREN

NATÜRLICH KÖNNEN SIE Heilpflanzen fertig kaufen – doch viel mehr Einfluss auf Qualität und Wirkung haben Sie, wenn Sie selbst losziehen und die Heilkräuter sammeln, die Ihre Tiere für ein gesundes Leben benötigen. Das ist in Deutschland für den Eigenbedarf erlaubt und Sie können gezielt an guten Standorten für Ihre Vierbeiner sammeln. Naturschutzgebiete und gefährdete oder geschützte Pflanzen (hier hilft ein Blick in die Rote Liste) sind dabei natürlich tabu!

WIE SAMMELT MAN HEILPFLANZEN?

Sammeln Sie Ihre Pflanzen mit Sorgfalt und Achtung und knipsen dabei einzeln die gesunden, jungen Blätter und sich gerade öffnende Blüten ab (das geht am besten mit der Hand). Bitte schneiden sie die Pflanze nie ganz ab, sondern ermöglichen Sie ihr, nachzuwachsen und sich weiter zu vermehren. Dabei ist es gut, den Standort öfters zu wechseln und nicht alle Kräuter an einer Stelle „abzugrasen". Ernten Sie im Herbst Wurzeln, so schneiden Sie von diesen Teile ab. Die anderen Wurzelstücke legen Sie zurück in die Erde und verschließen die Löcher vorsichtig. Sammeln Sie nur so viel, wie sie in einem Jahr verbrauchen können.

HINWEIS

Bitte sammeln Sie nur, was Sie hundertprozentig kennen!

WANN IST DER BESTE SAMMELZEITPUNKT?

Die Inhaltsstoffzusammensetzung von Heilpflanzen ist nicht zu jeder Zeit gleich. Beim Sammeln kommt es daher auf den Zeitpunkt an, sowohl im Tages-, als auch im Jahresverlauf.

Die optimale Tageszeit

Je nachdem, welcher Wirkstoff oder Pflanzenteil im Vordergrund steht, sammelt man die Pflanzen zu unterschiedlichen Tageszeiten. So sind die ätherischen Öle am frühen Morgen noch in den Duftzellen der Blüten, bilden jedoch in der Mittagshitze einen duftenden Schutzschild um die Pflanzen und schützen diese vor dem UV-Licht. Dennoch sollte der Tau größtenteils verdunstet sein, bevor Sie die duftenden Blüten ernten.

Ausnahme sind die Flavonoide, etwa in den Blüten von Ringelblume und Königskerze, die in der frühen Mittagszeit gesammelt werden, da hier der Flavonoidgehalt am höchsten ist.

HEILPFLANZENERNTE IM TAGESVERLAUF

Tageszeit	Heilpflanzenernte
frühmorgens	Wurzeln
vormittags, wenn der Tau verdunstet ist	Blattpflanzen, Blüten
später Vormittag (Blütezeit)	Ätherisch-Öl-Pflanzen

Die optimale Jahreszeit

Auch die Jahreszeit gilt es bei der Kräuterernte zu bedenken. So ziehen sich die Inhaltsstoffe der Pflanzen im Herbst größtenteils aus den oberirdischen Teilen zurück und werden in der Wurzel gespeichert. Im Frühjahr fließen die Säfte wieder in die Stängel, Äste, Blätter und Blüten. Die Tabelle unten fasst zusammen, wann im Jahr wir welche Pflanzenteile sammeln.

HEILPFLANZENERNTE IM JAHRESVERLAUF

Jahreszeit	Heilpflanzenernte
Frühjahr	Knospen, sich öffnende Blüten (vor der Vollblüte), junge Blätter, Triebe, Rinde der jungen Äste
Sommer (Hauptsammelzeit für Kräuter)	obere Triebe und Blüten
Herbst	Wurzeln, vollreife Samen, Wildfrüchte
Winter (Wintersonnenwende)	Mistel

Das richtige Sammelwetter

Schließlich spielt auch das Wetter eine wichtige Rolle bei der Kräuterernte. Sammeln Sie nie bei Regen, außer Sie benötigen die Kräuter für den sofortigen Verzehr als Tee oder Gewürz. Nach Regentagen ist es besser, zwei Sonnentage abzuwarten, bevor Sie bei stabilem Himmel zum Sammeln losziehen. Meiden Sie auch den frühen Morgen und Abend, wenn noch Tau auf den Pflanzen liegt. Sammeln Sie nur abgetrocknete Pflanzen.

GUTE SAMMELPLÄTZE

Hier eignen sich Feld-, Wald- und Wiesenränder, in deren Nähe nicht gespritzt wird. Auch an Hecken, Bachufern sowie auf Brachflächen oder Waldlichtungen finden Sie eine Vielfalt an Kräutern und Blumen. Achten Sie aber – im eigenen Interesse – darauf, nicht an den vielbegangenen Hundespaziergangsrouten zu sammeln. Ideal ist auch der eigene Garten, von dem Sie wissen, dass in ihm keine schädlichen Stoffe vorkommen.

UNGEEIGNETE SAMMELPLÄTZE

Wie oben schon angedeutet, gibt auch viele ungeeignete Plätze, an denen Sie tunlichst keine Heilpflanzen sammeln sollten. Nicht empfehlenswert sind beispielsweise intensiv landwirtschaftlich genutzte Flächen oder vielbefahrene Straßen. Zu diesen halten sie einen Mindestabstand von 250–300 m – besser noch mehr. Sammeln Sie ebenfalls nicht in einem Gebiet, in dem vor Fuchsbandwurm gewarnt wird.

KRÄUTER RICHTIG TROCKNEN

Um die Heilkraft der Pflanzen ideal nutzen zu können, kommt es auf die richtige und schnelle Trocknung der Frischpflanzen an. Man unterscheidet zwischen zarten Pflanzenteilen, wie Blättern und Blüten, und festen Teilen, wie Rinde und Wurzeln. Sammeln Sie nicht in Naturschutzgebieten und keine geschützten oder gefährdeten Pflanzen.

Teepflanzen

Sammeln Sie für Tees nur saubere, gesunde Pflanzenteile, die sie nicht waschen müssen. Durch das Waschen gehen bereits viele gute Inhaltsstoffe verloren. Werden nur die Blätter verwendet, streifen die diese sanft vom Stängel und legen sie großflächig auf ein Leintuch, das über einen flachen Korb, ein Holzrahmengestell oder einen Wäschetrockner gebreitet ist. Lassen Sie diese an einem luftigen, trocken, schattig, warmen (< 40 °C) und staubfreien Ort zügig trocknen, und schützen Sie die Kräuter vor direkte Sonneneinstrahlung. Letzteres würde zu Farbverlust oder Schwarzfärbung führen und die Kräuter wären wirkungslos. Sie können die Pflanzen auch als Kräutersträuße trocknen (Pfefferminze oder blühende Kräuter). Die Inhaltsstoffe ziehen sich während des Trocknungsprozesses aber in die Stängel zurück und sollten bei der Teezubereitung mit Blättern und Stängeln zerbröselt und mit Teewasser aufgegossen werden. Die durchschnittliche Trocknungszeit beträgt für Blüten 3–8 Tage, für Blätter 3–6 Tage und für

Pflanzen mit vielen Schleimstoffen 3–5 Tage länger. Ein viel schnelleres Trocknen ermöglicht ein Dörrapparat. Das Pflanzenmaterial sollte dabei regelmäßig gewendet werden und die maximale Temperatur 35–40 °C nicht überschreiten. Die Pflanzen sind fertig getrocknet, wenn sie sich beim Anfassen strohtrocken anfühlen, wie Cornflakes knistern und zwischen den Fingern zu Pulver zerrieben werden können.

Wurzeln und Rinde

Graben Sie im Frühjahr oder Herbst nach Wurzeln, waschen und bürsten Sie diese und schneiden sie längs auf. Die längeren Wurzeln können Sie Auffädeln und zum Trocknen luftig aufhängen. Manche Wurzeln, etwa vom Beinwell, schneiden Sie besser direkt in kleine Stücke, da er durch die Trocknung extrem hart wird und sich dann nicht mehr gut verarbeiten lässt. Dünne Rinden schälen Sie von jungen, fingerdicken Ästen und lassen sie an der Sonne trocknen.

KRÄUTER RICHTIG AUFBEWAHREN

Die getrockneten Kräuter füllen Sie nun locker in Braungläser, Porzellan- oder Kartondosen. Auch Holzkistchen, bewachste Papiertüten, Leinenbeutel oder Kissenbezüge eignen sich. Verwenden Sie möglichst keine Metallgefäße, da diese mit den Pflanzenmaterial reagieren können. Achten Sie darauf, dass die getrockneten Drogen beim Einlagern nicht zu sehr gedrückt und zerbröselt werden, damit sie ihre Inhaltsstoffe nicht verlieren. Haben Sie nur durchsichtige Glasgefäße, bewahren Sie die Kräuter in einem Schrank vor UV-Licht geschützt auf. Die Verpackung sollte immer mit dem deutschen und lateinischen Namen, sowie dem Erntezeitpunkt und -ort beschriftet sein.

Bad oder Küche sind durch feuchte Dünste als Aufbewahrungsort weniger geeignet, lagern sie die Pflanzen am besten in trockenen, gut temperierten Räumen.

Die getrockneten Kräuter eignen sich als Tee und Würze, zur Kräutersalzherstellung oder für das Ansetzten von Tinkturen. Als Pulver lassen sie sich gut mit Honig oder Flüssigkeiten verabreichen. Sind nach einem Jahr noch Reste übrig, können Sie diese zu einem Heublumensack oder zu Kräuterbad verarbeiten – oder den Kompost damit bereichern!

Frische Kräuter können Sie optimal als Tee- oder Gewürzkraut, in Wildkräutersalat und -gemüse, zu Sirup oder Honigmedizin verarbeiten. Auch gepresst als Frischpflanzensaft sind sie köstlich.

DARREICHUNGSFORMEN UND ZUBEREITUNG VON HEILPFLANZEN

ES GIBT VIELE VERSCHIEDENE WEGE, Heilpflanzen zu verarbeiten, sodass ihre Inhaltsstoffe optimal bei Tier und Mensch wirken können. Das direkte Fressen auf der Weide ist für unsere Ziegen und Schafe der einfachste und natürlichste Weg. Über die vielseitigen Darreichungsformen der Heilpflanzen können wir die heilbringenden Wirkungen unserer Kräuter „an und in unser Tier" bringen.

DARREICHUNGSFORMEN VON HEILPFLANZEN

Heilpflanzen lassen sich innerlich und äußerlich verabreichen. Oft ist es sinnvoll, beide Arten der Anwendung zu verknüpfen. Bei Verletzungen etwa können Sie abschwellende, entzündungshemmende Kräuter innerlich verabreichen und äußerlich als Auflage applizieren.

Innerlich werden Heilpflanzen frisch oder getrocknet verabreicht. Sie können die Drogen als Pulver, in Kräutersalz, Tee oder Tinktur anbieten oder zu Latwergen, Pillen, Bissen oder Kugeln verarbeiten. Äußerlich bieten sich Anwendungen, wie Auszugsöle, Einreibungen, Kompressen und Umschläge, Klauenbäder, sowie Inhalationen an.

Immer beliebt: Kräutersalz

GRUNDREZEPTE FÜR INNERLICHE ZUBEREITUNGEN

Ideal ist es, wenn Tiere auf artenreichen Wiesen selbst die Kräuter finden, die sie brauchen, um gesund zu bleiben. Ist dies nicht möglich, können Sie für Ihre Tiere das Kräutersammeln übernehmen und ihnen gezielt die entsprechenden Heilpflanzen anbieten oder unter das Futter mischen. Oder sie verwenden eine der im Folgenden dargestellten Darreichungs-formen für innerliche Anwendungen.

PULVER

Pulverisierte Heilpflanzen sind sehr vielseitig einsetzbar und kommen in zahlreichen Rezepturen vor.

GRUNDREZEPT PULVER

- getrocknete Heilpflanzen
- Mörser oder Mixer

Die getrockneten Kräuter frisch pulverisieren und je nach Geschmack den Tieren in Salz, Leckerli oder Futter verabreichen.

KRÄUTERSALZ

Viehsalz oder Kochsalz besteht aus Natriumchlorid (NaCl). Das Natrium im Salz ist für viele lebenswichtige Funktionen im Körper notwendig. Es reguliert den Wasserhaushalt des Körpers (über Durst, Schweiß, osmotischen Druck der Körperzellen), den Säure-Basen-Haushalt, den Nährstofftransport innerhalb des Körpers und die Nerven- und Muskelfunktionen. Das Chlor im Salz wirkt unter anderem an der Salzsäurebildung des Magens mit.

GRUNDREZEPT KRÄUTERSALZ

- 6 g Kochsalz/Tag (wenn kein Leckstein vorhanden)
- frische oder getrocknete Kräuter (Tagesdosis der Heilpflanzen in den Porträts)
- Mörser, Messer

Die frischen oder getrockneten Kräuter entsprechend der Indikation zerkleinern und mit Koch- oder Viehsalz vermischen. Haben die Tiere ein Lecksalz, geben sie das Kräutersalz als kleine Extraleckerei direkt aus der Hand.

HINWEIS

Salz ist auch ein Geschmacksverbesserer, nimmt die Restfeuchtigkeit der Kräuter auf und konserviert diese. Ziegen und Schafe kennen und lieben Salz und können so gut mit Heilpflanzen versorgt werden.

TEE

Heilpflanzentees sind wohl die häufigste Art der Kräuterzubereitung. Sie schmecken lecker und werden von Ziegen und Schafen gut toleriert. Viele Heilpflanzen finden Sie möglicherweise in Ihrem eigenen Kräutergarten, auf der Weide oder am Wegesrand und können sie daher sogar selbst sammeln. Auch Kräuterläden oder Apotheken bieten Heilpflanzentees als Einzeldroge oder Mischung (Ganzblattware, qualitativ hochwertige, rückstandsgeprüfte Ware aus kontrolliert biologischem Anbau) an. Um die Wirkstoffe der ausgewählten Heilpflanzen optimal im Tee zu lösen und für das Tier verfügbar zu machen, ist es wichtig, dass Sie diese auf die richtige Art zubereiten. Im Folgenden finden Sie einen schnellen Einstieg in die Kunst der Zubereitung von Tees und Aufgüssen. Welche Zubereitungsart sich am besten für welche Drogen eignet, ist bei den jeweiligen Grundrezepten angegeben.

Heißes Überbrühen zieht die Wirkstoffe aus dem Heilkraut und verringert die Keimbelastung. Denken Sie immer daran, den Deckel während des Ziehens geschlossen zu halten!

GRUNDREZEPT INFUS

Als Infus bezeichnet man heiße Aufgüsse oder Überbrühungen von Heilkräutern. Ein Infus eignet sich besonders für zarte Pflanzenteile (Blüten, Blätter, Kraut) und fein zerkleinerte Wurzel- oder Rindendrogen. Die heiße Zubereitung verringert die Keimbelastung um gut 10 %.

- 1 EL getrocknete oder 2 EL frische Teedroge
- 300–400 ml heißes oder kochendes Wasser
- Gefäß mit Deckel

Teedroge zerkleinern und mit heißem oder kochendem Wasser übergießen. Sofort den Deckel schließen und 7 Minuten ziehen lassen. Dabei ist die Wassertemperatur und Ziehdauer für das optimale Lösen der einzelnen Inhaltsstoffe von Bedeutung. Flavonoiddrogen mit kochendem Wasser übergießen und unter gelegentlichem Umrühren 15–20 Minuten zugedeckt ziehen lassen. Gerbstoffdrogen werden ebenfalls mit kochendem Wasser 10 Minuten zugedeckt ziehen gelassen. Saponin-, Bitterstoff und Ätherisch-Öl-Drogen werden hingegen nur mit heißem (nicht mehr sprudelndem!) Wasser 8–10 Minuten zugedeckt ziehen gelassen. Bei Pflanzentees mit ätherischen Ölen die Kondenstropfen am Deckel wieder in den Tee abklopfen. So bleiben alle Wirkstoffe dem Heiltee erhalten.

GRUNDREZEPT MAZERAT

Als Mazerat bezeichnet man einen Kaltwasserauszug von Heilpflanzen. Ein Mazerat eignet sich besonders für Schleimstoffdrogen mit Pektin oder Stärke, wie Eibischblätter oder -wurzel, Malvenblüten, Königskerzenblüten, Leinsamen. Die kalte bis lauwarme Zubereitung hat eine höhere Keimbesiedlung und läuft Gefahr, schon nach nur wenigen Stunden zu schimmeln. Daher sollte sie immer frisch zubereitet und verwendet werden.

- 2 EL Drogen (Leinsamen)
- 400 ml kaltes Wasser

Die frisch zerkleinerten Pflanzen werden ½–12 Stunden in kaltem Wasser eingelegt und gelegentlich umgerührt. Nach dem Abseihen können Sie den Schleimauszug vor der Verabreichung an das Tier leicht erwärmen, zum Beispiel bei Husten.

Ein alkoholischer Drogenauszug löst ätherische Öle aus den Pflanzen und konserviert sie.

GRUNDREZEPT DEKOKT

Als Dekokt bezeichnet man das Aufkochen von Heilkräutern. Ein Dekokt eignet sich besonders für harte Wurzel- und Rindendrogen mit Gerbstoffen, wie Eichenrinde und Blutwurzwurzel. Die heiße Zubereitung hat die geringste Keimbelastung, jedoch den Nachteil, dass manche Inhaltsstoffe (etwa Schleimstoffe) durch das Aufkochen zerstört werden.

- 10 g Droge
- 100–150 ml kaltes Wasser

Die Drogen frisch mit Messer oder Mörser zerkleinern, mit dem kalten Wasser ansetzen und erwärmen. Den Tee für 10–20 Minuten köcheln, anschließend kurz stehen lassen und abseihen.

GRUNDREZEPT MAZERATIONSDEKOKT

Als Mazerationsdekokt bezeichnet man das stundenweise Einlegen (über Nacht) harter Pflanzenteile in kaltes Wasser und deren anschließendes Aufkochen. Ein Mazerationsdekokt eignet sich besonders etwa für kieselsäurehaltige Pflanzen, wie Ackerschachtelhalm und Hagebutte. Die Keimbelastung ist gering und durch das Einweichen der Droge gehen die sonst schwer löslichen Inhaltsstoffe leichter in den Tee über.

HINWEIS

Der Begriff Droge in den Kräuterrezepturen steht immer für die getrocknete Pflanze. Bei Verwendung von Frischpflanzen verdoppeln Sie die angegebenen Mengen an Drogen, falls hierzu keine eigenen Angaben gemacht werden.

TINKTUR

Flüssige, alkoholische Drogenauszüge (Lateinisch „tingere“) nennt man Tinktur. In ihnen werden schwer wasserlösliche Inhaltsstoffe, wie zum Beispiel ätherische Öle, gelöst und konserviert. Tinkturen sollten Sie lichtgeschützt und gut verschlossen aufbewahren. Stellen Sie nur so viel davon her, dass Sie die Tinktur innerhalb eines Jahres verbrauchen können. Denn danach nimmt ihre Wirkkraft ab und die Inhaltsstoffe verändern sich. Tinkturen können innerlich und äußerlich (als Umschlag) angewendet werden.

GRUNDREZEPT TINKTUR

- helles Weithalsglas mit Schraubdeckel
- Brettchen, Messer, Mörser, Messbecher, Waage, Etikett, Stift
- 250–500 ml Alkohol (45%ig)
- 50–100 g getrocknete Pflanzen, Samen, Rinden etc.

Die Drogen zerkleinern, in das Schraubglas geben und mit Alkohol, zum Beispiel Wodka oder Korn übergießen, sodass alle Pflanzenteile noch 1–2 cm bedeckt sind (so können sie nicht schimmeln). Das Verhältnis von Droge zu Extrakt sollte im Verhältnis 1:5 bis 1:10 liegen.

Die Tinktur 3–4 Wochen an einem (20 °C) warmen, hellen, nicht sonnigen Platz stehen lassen und mehrmals täglich sanft bewegen. Nach 3 Wochen durch einen Kaffeefilter abseihen und in Dunkelglas-Fläschchen aufbewahren. Die Flasche etikettieren und mit Namen, Pflanzenteilen, Alkoholgehalt, Abfülldatum versehen.

LATWERGE

In diese breiförmigen Zubereitungen zur innerlichen Verabreichung können Sie Heilpflanzen einfach einarbeiten. Zerkleinert oder pulverisiert werden sie mit bindenden Hilfsstoffen wie Leinsamen, Roggenmehl und Tee zu einem Brei vermengt. Da sie schnell schimmeln, sollten Latwergen immer frisch hergestellt werden.

GRUNDREZEPT LATWERGE

- 2 Tassen Roggenmehl
- Kaltansatz (Mazerat) aus Leinsamen-, Eibischwurzel-, Bockshornklee-Schleim
- Kräuter entsprechend der benötigten Indikation
- Kräutertee oder Wasser
- Salz zur besseren Akzeptanz

Zutaten in einer Schüssel zerkleinern und mischen. Versetzen Sie die Mischung so lange mit dem Tee, bis die gewünschte breiige Konsistenz erreicht ist. Verfüttern Sie die Latwerge direkt an Ihr Tier.

HINWEISE

Statt getrockneter können Sie auch frische Pflanzen verwenden. Dabei nehmen Sie die doppelte Menge Pflanzenmaterial (100–200 g), aber die gleiche Menge Alkohol (500 ml).

Gibt es Pflanzen oder Früchte, die Ihr Tier besonders gerne mag, können Sie diese zur besseren Akzeptanz ebenfalls in den Brei einarbeiten.

BISSEN, PILLEN, KUGELN

Benötigen einzelne Tiere spezielle Heilpflanzenverabreichungen (Gesundheitsgründe, Belohnung), können Sie diese schon auf Vorrat herstellen.

GRUNDREZEPT BISSEN, PILLEN, KUGELN

Teig

- 400 g Roggenmehl
- ½ Tasse Leinsamen
- 1 EL Viehsalz (als Geschmacksverbesserer)
- ½ l Kräutertee oder Wasser
- Drogen entsprechend dem Rezept

Panade

- gegebenenfalls 2 EL Viehsalz
- 2 EL Samen (Mariendistel, Sonnenblumenkerne), pulverisierte „Lieblings"-Kräuter (Kamillenblüten, Ringelblumenblüten und dergleichen)

Die Drogen zerkleinern, zusammen mit Leinsamen und Viehsalz in eine Schüssel geben. Alles vermischen und lauwarmen Tee langsam einrühren. Teemischung einige Minuten quellen lassen, sodass die Leinsamen ihre Schleimstoffe unter der Schale in den Tee freigeben. Mehl langsam in die Flüssigkeit einarbeiten, bis durch den Leinsamenschleim ein gut zu knetender, fester Teig entsteht. Mit bemehlten Händen den Teig zu pralinengroßen Kugeln formen und in der Panade aus Viehsalz und Samen wälzen.

TIPP

Damit sich die Kugeln länger halten, lassen Sie sie auf der Heizung oder im Ofen gut durchtrocknen. So haben Sie allzeit – und besonders in Erkältungszeiten – ein gesundes Leckerli für Ihre Ziegen und Schafe bereit.

Kräuterkugeln sind auch für Wiederkäuer ein gesunder Leckerbissen.

GRUNDREZEPTE FÜR ÄUSSERLICHE ZUBEREITUNGEN

Die Haut ist auch bei Ziegen und Schafen das größte Organ des Körpers. Über die Haut können wir punktuell blutstillende, entzündungshemmende, schmerzlindernde oder abschwellende Wirkstoffe aufbringen, die direkt an der betroffenen Stelle einwirken und helfen können. Nachfolgend finden Sie mögliche äußerliche Darreichungsformen von Heilpflanzenapplikationen.

HINWEIS

Für den Ölauszug können auch Frischpflanzen verwendet werden. Dabei sollte es vor dem Sammeln der Kräuter allerdings 3–4 Tage nicht geregnet haben. Am besten ernten Sie die Pflanzen am späten Vormittag, wenn der Tau getrocknet ist. So ist der Wassergehalt in den Pflanzenteilen nicht zu hoch. Lassen Sie die Pflanzen gegebenenfalls noch einen halben Tag antrocknen, bevor Sie sie zerkleinern und mit dem Öl übergießen. Sonst würde das Öl schnell schimmeln. Nach Abgießen des Ölauszugs den Bodensatz nicht ausdrücken (Achtung: Schimmelgefahr durch mögliche Restfeuchtigkeit).

ÖLMAZERAT

In einem Ölmazerat oder Ölauszug werden fettlösliche Pflanzeninhaltsstoffe, wie etwa ätherische Öle, Harze oder Carotinoide gelöst.

GRUNDREZEPT ÖLMAZERAT

- 250–500 ml hochwertiges fettes Oliven-, Sonnenblumen-, oder Mandel-Bioöl (kaltgepresst, rückstandsgeprüft, das mindestens noch ein Jahr haltbar ist)
- 50–100 g getrocknete aromatische Drogen (Kräuter, Samen, Rinden etc.)

Die getrockneten, frisch zerkleinerten Drogen in ein Schraubglas geben und mit dem fetten Öl übergießen. Den Ölansatz bis zu vier Wochen an einem (20 °C) warmen, hellen, aber nicht sonnigen Ort stehen lassen und den Ölansatz mehrmals täglich bewegen. Nach 3 Wochen das Mazerat in einem Wasserbad leicht erwärmen und ohne Druck durch ein Sieb abgießen. Den Ölansatz erneut durch ein Tuch filtrieren, um feine Partikel herauszuziehen. Nun in Dunkelglasfläschchen abfüllen, an einem kühlen Ort lagern (nicht im Kühlschrank). Etikettieren Sie das Mazerat mit Namen, Pflanzenteilen, Abfülldatum. Betroffene Hautpartien mehrmals täglich mit dem Öl einmassieren.

Pflegender Balsam legt sich sanft auf die Wunde und lässt die Wirkstoffe einziehen.

SALBEN

Salben sind halbfeste Arzneizubereitungen zur lokalen Anwendung. Sie bestehen aus verschiedenen Fetten, Ölen oder Wachsen sowie pflanzlichen Wirkstoffen und enthalten kein Wasser.

GRUNDREZEPT SALBE UND BALSAM

- 100 ml Öl (etwa Olivenöl)
- 10 g Bienenwachs
- 10 g getrocknete Kräuter oder 20 g frische Kräuter (nach 3 Sonnentagen)
- großes Glas

Frisch zerkleinerte Kräuter und das Öl in ein Glas für ½–1 Stunde im Wasserbad simmern lassen, gegebenenfalls noch über Nacht stehen lassen. Anschließend durch ein feines Sieb abgießen und erneut in ein sauberes Glas ins warme Wasserbad geben. Nun das Bienenwachs hinzugeben und so lange rühren, bis sich das Wachs aufgelöst hat. Die flüssige Salbe in kleine Döschen füllen und bei offenem Deckel abkühlen und aushärten lassen. Mit Namen, Inhaltsstoffen und Herstellungsdatum versehen und etikettieren.
→ Die Salbe ist an einem kühlen und dunklen Ort 6–12 Monate haltbar.

GRUNDREZEPT WEICHE, PFLEGENDE SALBE

- 60 g Lanolin (Emulsion aus Wollwachs, Olivenöl und Wasser)
- 1 Hand zerkleinerte, frische Kräuter und/oder Wurzeln
- 15 ml Tinktur

Das Lanolin und die Wurzeln 30–40 Minuten unter Rühren im Wasserbad erhitzen (nicht kochen) und anschließend die Wurzeln abseihen. Erneut in ein sauberes Gefäß füllen, erhitzen und die Tinktur hinzugeben. Unter ständigem Rühren erkalten lassen und in Döschen füllen.

GRUNDREZEPT ZUGSALBE

Zugsalbe oder Harzbalsam aktiviert die lokale Abwehr in der Haut und im Gewebe und ist deshalb sehr wirksam. Sie wird eingesetzt bei Erkältungen, rheumatischen (Gelenk-) Schmerzen, zur Wundbehandlung und bei Klauenverletzungen. Verwendung findet sie auch bei Abszessen, wo sie die umgebenden Hautpartien aufweichen und den Eiter abfließen lässt.

- alter Topf oder Konservendose
- 70 g Nadelbaumharz oder -nadeln
- 350 ml kalt gepresstes Olivenöl
- 35 g Bienenwachs

Das Harz in einem alten Mörser zerkleinern und zusammen mit den klein geschnittenen Nadeln und dem Olivenöl in einem alten Topf, besser noch einer leeren Konservendose, für zwei bis drei Stunden bei 60–70 °C ausziehen lassen. Durch ein altes Tuch oder einen Strumpf abseihen und in ein gesäubertes Gefäß füllen. Nun das Bienenwachs hinzugeben und schmelzen lassen, kurz weiterrühren, die Salbe anschließend in Döschen gießen und abgedeckt stehen lassen, bis sie kalt und fest ist. Etikettieren (siehe oben).
→ Zugsalbe ist länger als 1 Jahr haltbar.

HINWEIS

Eignet sich durch die stark zusammenziehende, heilende Wirkung gut für Wunden.

SCHÜTTELLOTION

Als Lotion bezeichnet man eine flüssige Arzneimittelzubereitung zur örtlichen Anwendung auf der Haut. Sie enthält flüssige (etwa Tee, Tinktur) und fette Anteile (Basisöl). Lotion lässt sich gut auf oberflächliche Schürfwunden und schmerzhafte Verletzungen aufsprühen. Für die innerliche Anwendung kann man durch die Zugabe von Sirup die Mischung homogener machen und die Akzeptanz verbessern. Haben Sie es eilig, können Sie rasch eine Schüttellotion herstellen.

GRUNDREZEPT SCHÜTTELLOTION

- 30 ml Fettes Öl (Mandel-, Aprikosenkern-, Olivenöl)
- 20 ml Tee, (Espresso-)Hydrolat oder Tinktur
- Dunkelfläschchen mit Sprühaufsatz

Alle Zutaten in das Fläschchen füllen und vor dem Gebrauch gut schütteln. Im Kühlschrank aufbewahren und nicht länger als 3–4 Monate verwenden.

KOMPRESSEN UND UMSCHLÄGE

Bei der Anwendung von Kompressen und Umschlägen kommen verschiedene Wirkungen zusammen. Zum einen die der einzelnen Heilpflanze (so wirkt etwa Ringelblume entzündungs- und wundheilungsfördernd sowie lymphabflussfördernd), zum anderen die physikalische Wirkung der kühlen oder warmen Kompresse oder des Umschlags, die unterschiedlich tief in die Gewebeschichten eindringen und wirken können.

GRUNDREZEPT FEUCHTE KOMPRESSE

- Tee, Tinktur, Essig
- Kompresse oder Baumwolltuch
- Fixierung: Binde, Schal

Eine Kompresse oder Baumwolltuch mit Tee (heiß, warm oder Zimmertemperatur), verdünnter Tinktur (1:5 Wasser) oder Essig (1:1 Wasser) tränken und gut auswringen. Bei feucht-heißen Kompressen gilt: Je heißer die Temperatur des Wassers oder Tees, desto besser auswringen, da sonst erhöhte Verbrennungsgefahr besteht. Die feuchte Kompresse nun vorsichtig auf oder um das betroffene Körperteil legen oder wickeln (Temperaturtest) und mit einer Binde oder einem Schal fixieren. Dabei die Reaktion des Tieres beobachten (Entspannt es sich? Ist es zu heiß?) und es nicht allein lassen. Die Kompresse 10–15 Minuten belassen, bei kühlenden Auflagen gegebenenfalls noch einmal auswechseln. Der zu kühlende Körperteil sollte weiterhin gut durchblutet und nicht unterkühlt werden. Heiße Auflagen werden nur einmal angelegt.

GRUNDREZEPT AUGENKOMPRESSE

- 3 Teile Augentrostkraut
- 2 Teile Fenchelsamen, angestoßen
- 1 Teil Ringelblumenblüten
- 1 Teil Zaubernussblätter und -rinde
- 1 Teil Kamillenblüten

1 EL der Mischung mit 250 ml heißem Wasser übergießen und zugedeckt 20 Minuten ziehen lassen, sodass auch die entzündungshemmenden Flavonoide im Tee gelöst sind. Das Kondenswasser am Deckel in den Tee zurückklopfen und den Tee auf lauwarme Temperatur abkühlen lassen. Eine Kompresse darin befeuchten, leicht auswringen und auf das entzündete oder gereizte Auge legen. 5–10 Minuten belassen. Das Tier dabei fixieren und beruhigen, nicht allein lassen.

GRUNDREZEPT ÖLAUFLAGE

- 2 EL Mazerat (etwa Johanniskrautöl)
- 10 × 10 cm große Kompresse oder Baumwollauflage (Hautbereich angepasst)
- gegebenenfalls Butterbrottüte, Wärmflasche
- Schal, Gamasche oder Binde zum Fixieren

Das Öl auf ein dem betroffenen Hautareal angemessen großes Baumwolltuch geben. Das Öltuch in eine Butterbrottüte legen und zwischen zwei Wärmflaschen erwärmen. Gegebenenfalls Wolle oder Fell an der Stelle rasieren, damit der Wirkstoff besser auf der Haut und im Gewebe wirken kann. Dem Tier die Auflage auf schmerzende Gelenke, Narben und dergleichen legen. Zuvor die Temperatur der Ölauflage an der eigenen Unterarminnenseite testen und das Tier beobachten (Ist es entspannt?). Die Auflage fixieren, zum Beispiel mit einer Binde. Mehrere Stunden belassen.

Kohlblätter haben nach dem Anquetschen eine besonders kühlende und abschwellende Wirkung.

GRUNDREZEPT SALBENAUFLAGE

Eine lokale, konzentrierte therapeutische Anwendung bei Beschwerden.

- Salbe
- Kompresse, Spatel, Mullbinde

Salbe dünn mit einem sauberen Spatel auf eine Kompresse auftragen. Diese direkt auf die betroffene Stelle auflegen. Fixieren und 1–2 Stunden belassen, anschließend Hautareal vorsichtig abwischen. Mehrmals täglich erneuern.

GRUNDREZEPT FRISCHPFLANZEN-AUFLAGE/-UMSCHLAG

Diese intensive Frischpflanzenanwendung wirkt effektiv bei Schwellungen und Schmerzen.

- Frischpflanzen (etwa Spitz- und Breitwegerich, Beinwell, Weißkohl)
- Kompresse, Mullbinde, Wellholz

Frische Blätter mit einem Wellholz oder einer Flasche quetschen, bis der Pflanzensaft austritt. Direkt oder in einem dünnen Tuch oder einer Kompresse auf die betroffene Stelle legen. Diese dann fixieren und 1–2 Stunden belassen. Das Tier beobachten, da die Auflage Prozesse anregen kann, die ihm unangenehm sind. Nach dem Abnehmen der Auflage das Hautareal mit lauwarmem Wasser abwaschen.

GRUNDREZEPT KATAPLASMA

Das Kataplasma, auch Breiumschlag genannt, ist eine breiförmige Arzneimittelzubereitung, die direkt auf Verletzungen aufgelegt wird. Zur Verbesserung der Wirkstoffaufnahme müssen dazu gegebenenfalls Haare oder Wolle rasiert und die Haut gesäubert werden. Kataplasmen werden nur auf intakter Haut angewendet.

- fein geschnittene und grob pulverisierte Drogen (etwa Beinwell) oder Heilerde
- Wasser oder Tee

Die Zutaten mischen und zu einem Brei verrühren. Diesen fingerdick (0,5–2 cm) auf die Haut auftragen. Ist der Brei getrocknet und rissig, diesen vorsichtig abrubbeln oder abspülen.
Bei berührungsempfindlichen oder schmerzenden Bereichen können Sie das Kataplasma in ein „Päckchen“ packen. Dazu eine Kompresse auseinanderfalten und den Brei in der Mitte derselben platzieren. Alle vier Seiten der Kompresse darüber falten, die einlagige Seite auf das Hautareal legen und fixieren. So lässt sich das Päckchen einfacher und schmerzfreier wieder entfernen.

GRUNDREZEPT COOLPACK AUS QUARK

Diese Auflage entfaltet eine intensive Kältewirkung, die in Tiefe geht und lange anhält. Der Quark hat entzündungshemmende, kühlende, abschwellende und schmerzlindernde Wirkung.

- 250 g Quark (zimmerwarm)
- Spatel
- gegebenenfalls 1 EL Tinktur
- dünnes Baumwolltuch (Kompresse, Stoffwindel), Mullbinde zum Fixieren

Den zimmerwarmen Quark fingerdick auf eine Kompresse streichen und alle 4 Seiten darüberfalten. Die Kompresse mit der einlagigen Mullseite auf die Schwellung auflegen und mit einer Mullbinde fixieren. So lange auf der Haut belassen, wie der Quark noch kühlt (circa 20 Minuten). Dabei den Hautbereich beobachten, ob die Durchblutung des betroffenen Areals gewährleistet ist. Nach Bedarf mehrmals täglich anwenden. Nicht auf offenen Wunden. Das angefangene Quarkpäckchen sollten Sie innerhalb von 2 Tagen aufbrauchen.

GRUNDREZEPT ERBSENKISSEN

Das Erbsenkissen ist ein natürliches Kühl- oder Wärmekissen.

- kleine Stoffkissenhülle, gefüllt mit getrockneten Erbsen oder Kirschkernen
- Plastiktüte, gegebenenfalls Tuch oder Schal zum Fixieren

Kissenhülle zur Hälfte mit Trockenerbsen füllen und zunähen. Zum Kühlen das Säckchen in einer Plastiktüte für 2–3 Stunden in die Gefriertruhe legen. Bei Bedarf auf die geprellte oder verstauchte Stelle legen und mit einem Tuch oder einer Binde befestigen. So lange belassen, wie die Kühlwirkung anhält, und dann gegen ein frisch gekühltes Kissen austauschen. Hautbereich beobachten, ob die Durchblutung des betroffenen Areals gewährleistet ist. So oft wie nötig wiederholen. Zum Wärmen können Sie das Erbsenkissen auch im Backofen mit einer Schale Wasser erhitzen und anschließend auflegen. Bitte vorher die Wärme testen, damit es nicht zu Verbrennungen kommt.

Beim Coolpack mit Quark geht die Kälte in die Tiefe.

INHALATION

Inhalation ist eine schnell wirksame, aber eher zeitintensive Maßnahme bei den ersten Erkältungsanzeichen. Allein der heiße Wasserdampf hat schon eine befeuchtende, beruhigende und schleimlösende Wirkung. Bei der Inhalation besteht keine Gefahr der Überdosierung. Wichtig ist allerdings, auf die richtige Temperatur zu achten. Im Allgemeinen ist die Inhalation eine stressfreie Anwendung für Ihr Tier.

Inhalationen mit Heilpflanzentees haben eine zusätzliche positive Wirkung. Sie fördern die Durchblutung der Schleimhäute in den Atemwegen und verflüssigen festsitzenden Schleim, sie fördern das Abschwellen der Schleimhäute, wodurch das Nasensekret besser abfließen kann und regen die Aktivität der Flimmerhärchen an und erleichtern so das Abhusten.

Heilpflanzeninhalationen wirken befeuchten auf die Atemwege, mildern Husten- und Niesreiz, verbessern das Riechen und den Appetit und lösen unangenehme Augenverklebungen. Auf die Bronchien hat zum Beispiel Thymiantee krampflösende Wirkung, zudem hemmt er Viren und Bakterien und stärkt das Immunsystem.

GRUNDREZEPT DAMPFINHALATION

- 2 EL Kamillenblüten oder Thymiankraut
- 1 l heißes Wasser
- Tränkeeimer, Gitter oder Kompostsieb, um die Eimeröffnung abzudecken
- gegebenenfalls Leintuch oder Decke

Die Kräuter kleinzupfen, in einen Eimer geben, mit dem heißen Wasser übergießen und 5 Minuten mit einem Deckel abgedeckt stehen lassen. Lebhafte Tiere im Fressgitter fixieren, damit sie sich nicht verbrennen können. Den dampfenden Eimer mit einem Gitter abdecken und so geschützt unter den Kopf des Tieres stellen. Falls möglich ein großes Handtuch um Eimer und Kopf die Tiers halten (Augen freilassen), damit mehr Dampf besser inhaliert werden kann. Eine Alternative ist es, den Eimer – sicher fixiert – in einen kleinen, niedrigen Stall oder in ein Kälberiglu zu stellen und dieses komplett mit einem Leinentuch abzudecken. Während der Behandlung immer beim Tier bleiben, falls die Temperatur zu warm wird oder das Tier Panik bekommt. Nicht im Winter draußen durchführen, da das Fell nass wird. Dann das Tier im warmen Stall inhalieren lassen und anschließend warmhalten. Es empfiehlt sich, die das Tier etwa 2–3-mal am Tag 10–15 Minuten inhalieren zu lassen. Jedes Mal einen frischen Ansatz zum Inhalieren verwenden, da die wohltuenden Inhaltsstoffe nach dem ersten Mal verdampft sind. Das Tier in warmer, zugfreier Umgebung nachtrocknen lassen.

BÄDER

Klauenbäder reinigen und pflegen die Klauen der Ziegen und Schafe. Vor dem Schneiden der Klauen säubern sie diese und machen das Horn weicher, sodass es besser zu schneiden ist. Bei Problemen, wie oberflächlich nässenden Wunden, Abszessen oder Entzündungen, kann zum Beispiel die unten genannte Mischung begleitend Linderung bringen.

GRUNDREZEPT KLAUENBAD

- Klauenkräutermischung
  zu gleichen Teilen Eichenrinde, Blutwurzwurzel, Salbei-, Thymian-, Rosmarinblätter, angestoßene Wacholderbeeren, Ringelblumenblüten

5 EL der Mischung mit 500 ml Wasser aufkochen und zugedeckt 15 Minuten ziehen lassen. In eine Bodenwanne gießen und lauwarm abkühlen lassen. Je nachdem, ob einzelne oder alle vier Klauen betroffen sind, müssen die Dosierung der Kräutermischung und die Flüssigkeitsmenge entsprechend angepasst werden. Klauen falls möglich 1–2-mal täglich für 5–10 Minuten darin baden.

Porträts der wichtigsten
Heilpflanzen
und Heilmittel

ACKERSTIEFMÜTTERCHEN

Name: *Viola tricolor vulgaris*
Familie: Veilchengewächse, Violaceae
Verwendete Pflanzenteile: blühendes Kraut
Inhaltsstoffe: Flavonoide (Rutin), Schleimstoffe, Saponine, Salicylate, Gerbstoffe, Bitterstoffe

Wirkungen:
- entzündungshemmend, cortisonähnlich
- zell- und gefäßschützend, antioxidativ
- stoffwechselfördernd, schweißtreibend, harntreibend
- schmerzlindernd, juckreizlindernd
- schleimlösend, auswurffördernd
- hautheilend (durch Schleimstoffe)

Anwendungen:
- stoffwechselbedingte Haut- und Fellprobleme
- chronische trockene Ekzeme, Juckreiz
- verschleimter Husten

Tagesdosis: 5 g Kraut

Darreichung:
- frisches oder getrocknetes Kraut zum Einfügen in Futter, Latwergen, Pillen, Salz
- Tee, innerlich und äußerlich
- Ergänzungsfuttermittel

Nebenwirkungen: keine bekannt
Kontraindikation: keine bekannt

ALOE

Name: *Aloe vera* (Echte Aloe) und *Aloe ferox* (Wüstenlilie)
Familie: Grasbaumgewächse, Aloaceae
Verwendete Pflanzenteile: Gel/Schleim aus Blättern
Inhaltsstoffe Gel: Schleimstoffe, Vitamine, Salizylsäure, Flavonoide, Saponine
Inhaltsstoffe Blattsaft: Anthranoide (Abführmittel)

Wirkungen Gel:
- keimhemmend (gegen Bakterien, Viren, Pilze), abwehrstärkend
- kühlend, hautberuhigend, feuchtigkeitsspendend
- schmerzlindernd, entzündungshemmend, antioxidativ
- wundheilungsfördernd, hautregenerierend, verbessert die Narbenheilung

Anwendungen Gel:
- trockene, juckende Ekzeme, auch im Augenbereich
- Sonnenbrand, Verbrennungen
- Insektenstiche, oberflächliche Schürfwunden, Wund- und Narbenpflege
- Hautpilz, Räude, Juckreiz
- Verstauchungen, Prellungen, Schwellungen

Tagesdosis Gel: Gel äußerlich nach Bedarf auftragen

Darreichung Gel:
- frisches Blatt-Gel
- Lotion
- Aloe-Eis
- Pflegemittel mit Aloe

Nebenwirkungen Gel: keine bekannt
Kontraindikation Gel: keine bekannt

ANIS

Name: *Pimpinella anisum*
Familie: Doldengewächse, Apiaceae
Verwendete Pflanzenteile: Früchte
Inhaltsstoffe: ätherische Öle, fette Öle, Flavonoide

Wirkungen:
- leicht krampflösend, blähungswidrig, appetitanregend
- verdauungsfördernd, steigert die Speichel- und Magensaftsekretion
- auswurffördernd, husten- und schleimlösend
- antiviral (Herpes simplex), leicht antibakteriell
- milchbildungsfördernd

Anwendungen:
- Verdauungsbeschwerden, Aufgasen, Koliken, Appetitlosigkeit, Würmer
- Atemwegsentzündungen mit zähem Husten und Verschleimung
- Milchmangel

Tagesdosis: 5–10 g Samen, vor Gebrauch frisch anstoßen

Darreichung:
- Früchte und Pulver zum Einfügen in Futter, Latwergen, Pillen, Salz
- Tee, innerlich und äußerlich
- Abwaschung, feucht-heiße Kompresse
- Tinktur (bei Ektoparasiten, Milben, Hautschmarotzern)
- Inhalation
- Ölauszug, Einreibung
- Fertigpräparat: ColoSan (innerlich), Ergänzungsfuttermittel

Nebenwirkungen: selten allergische Reaktion
Kontraindikation: keine bekannt

ARNIKA

Name: *Arnika montana*
Familie: Korbblütler, Compositaceae
Verwendete Pflanzenteile: Blüten
Inhaltsstoffe: Bitterstoffe, Cumarine, Flavonoide, ätherische Öle, Phenolcarbonsäuren

Wirkungen:
- entzündungshemmend, abschwellend, resorptionsfördernd
- cortisonähnlich, schmerzstillend
- keimhemmend, pilzhemmend
- durchblutungsfördernd, wundheilungsfördernd

Anwendungen:
- stumpfe Verletzungen: Bluterguss, Schwellung, Quetschung, Stauchung, Prellung, Zerrung
- Muskel-, Sehnen-, Gelenkschmerzen
- Furunkel, Venenentzündungen, Insektenstiche

Tagesdosis: innerlich nur homöopatisch, äußerlich nur verdünnte Anwendungen

Darreichung:
- Homöopathie (innerlich)
- Salbe, Tinktur
- Umschläge, Einreibungen
- Fertigpräparate: BenAcet aethericum, Retterspitz Wasser, Pflegemittel

Nebenwirkungen: häufig Kontaktallergien bei unverdünnter Anwendung, Ekzeme mit Bläschenbildung bei langer Anwendung möglich
Kontraindikation: offene Wunden

HINWEIS

Arnika nie unverdünnt und nicht auf vorgeschädigter Haut anwenden.

ARTISCHOCKE

Name: *Cynara cardunculus* var. *scolymus*
Familie: Korbblütler, Asteraceae
Verwendete Pflanzenteile: Blätter
Inhaltsstoffe: Bitterstoffe, Caffeoylchinasäuren (Cynarin), Flavonoide

Wirkungen:
- appetitanregend, mild krampflösend
- verdauungs- und galleflussfördernd (regt Ausschüttung der Verdauungssäfte an)
- brechreizlindernd
- leberschützend, entzündungshemmend, antioxidativ

Anwendungen:
- Verdauungsstörungen, Appetitlosigkeit
- Übelkeit, Brechreiz
- Störungen der Galle-Leber-Funktion
- Leberschutz, Leberentgiftung

Tagesdosis: 6 g Blätter

Darreichung:
- zum Einfügen in Futter, Latwergen, Pillen, Salz
- Tee
- Ergänzungsfuttermittel

Nebenwirkungen: keine bekannt
Kontraindikation: Verschluss der Gallenwege, bekannte Korbblütler Allergie

Augentrost

AUGENTROST

Name: Euphrasia officinalis
Familie: Sommerwurzgewächse, Orobanchaceae
Verwendete Pflanzenteile: Kraut
Inhaltsstoffe: Kieselsäure, Iridoidglycoside, Flavonoide, Carotinoide, Gerbstoffe, Bitterstoffe

Wirkungen:
- entzündungshemmend
- schmerzlindernd
- antiallergisch
- leicht blutstillend, adstringierend (zusammenziehend), leicht austrocknend

Anwendungen:
- Lidrandentzündung, Gerstenkorn
- Ermüdungserscheinungen der Augen (Eiter)
- verklebte, tränende Augen, Bindehautentzündung

Darreichung:
- warme Augenkompresse (Tee), mischt sich gut mit Schwarztee, Walnussblättern und Fenchel
- Fertigpräparat: EuphraVet Augentropfen (Tierarzt), Pflegemittel mit Augentrost

Nebenwirkungen: keine bekannt
Kontraindikation: keine Auflagen bei trockenen Augen

WICHTIG

Bei Anwendungen am Auge immer besonders sauber arbeiten! Auge von außen nach innen säubern!

BEINWELL

Name: *Symphytum officinale*
Familie: Borretschgewächse, Boraginaceae
Verwendeter Pflanzenteil: Wurzel, blühendes Kraut
Inhaltsstoffe: Schleimstoffe, Gerbstoffe, Allantonin, Spuren von Pyrrolizidinalkaloiden

Wirkungen:

- schmerzlindernd, entzündungshemmend, abschwellend
- wundreinigend, wundheilungsfördernd (Allantonin)
- Granulation, fördert die Gewebsregeneration
- lokal reizmildernd, schmerzlindernd

Anwendungen:

- stumpfe Verletzungen: Prellung, Zerrung, Verstauchung
- geschlossene Brüche, schlecht heilende stumpfe Verletzungen
- Klauenentzündung, Beingeschwüre, Furunkel, Narbenpflege
- Sehnen-, Sehnenscheiden- und Schleimbeutelentzündung
- Lymphknotenschwellung
- Nerven- und Gelenkschmerzen

Tagesdosis: innerlich nur homöopatisch, äußerlich 2–3-mal täglich dünn auf die intakte Haut auftragen und einreiben

Darreichung:

- Homöopatie (innerlich)
- Frischpflanzenanwendung, Auflage und Kataplasma maximal 4–6 Wochen pro Jahr
- Fertigpräparate: Traumaplant Salbe (PA-frei), Kytta-Plasma (PA-frei), Pflegemittel

Nebenwirkungen: keine bekannt
Kontraindikation: Trächtigkeit und Säugezeit, sowie bei Lämmern unter 1 Jahr; PA-freie Zuchtpflanzen und Fertigpräparate sind unbedenklich verwendbar

BIRKE

Name: *Betula pendula* (Hängebirke) und *Betula pubescens* (Moorbirke)
Familie: Birkengewächse, Betulaceae
Verwendete Pflanzenteile: Blätter (innerlich), Rinde (äußerlich)
Inhaltsstoffe Blätter: Flavonoide, Saponine, Bitterstoffe, Salicylate, Gerbstoffe
Inhaltsstoffe Rinde: harziges Betulin

Wirkungen Blätter:

- harntreibend, mild entwässernd
- entzündungshemmend
- mobilisieren und scheiden Stoffwechsel(end)produkte wie etwa Harnsäure aus

Wirkungen Rinde:

- entzündungshemmend, juckreizstillend, hautpflegend
- keimwidrig gegen Bakterien, Viren und Pilze
- wundheilungsfördernd, baut Schutzbarriere der Haut auf

Anwendungen Blätter:

- Durchspülungstherapie bei Harnwegsinfekten
- Vorbeugung von Harngries und Harnsteinen (häufig bei Schafböcken)
- Begleitend bei rheumatischen Erkrankungen
- Hautausschlag, schlecht heilende Wunden, Ekzeme

Anwendungen Rinde:

- Sonnenbrand, Hautschutz
- Ekzeme, verbessert Wundheilung

Tagesdosis Blätter: 15 g/100 kg Körpergewicht;
Lotion oder Salbe mit Rinde: siehe Beipackzettel

Darreichung:

- Blätter zum Einfügen in Futter, Latwergen, Pillen, Salz
- Tee innerlich und äußerlich (Auflage)
- Salbe, Lotion (Fertigpräparat)
- Frischpflanzensaft, Ergänzungsfuttermittel

Nebenwirkungen: keine bekannt
Kontraindikation: innerlich Vorsicht bei Herz- oder Nierenschwäche sowie bei alten Tieren

BLUTWURZ

Name: *Potentilla erecta*
Familie: Rosengewächse, Rosaceae
Verwendete Pflanzenteile: Wurzel (Rhizom)
Inhaltsstoffe: Gerbstoffe, Flavonoide, Tormentillrot, Phenolcarbonsäuren

Wirkungen:
- stark zusammenziehend, austrocknend, stopfend
- blutstillend, wundheilungsfördernd, juckreizlindernd
- entzündungshemmend, keimhemmend (Bakterien, Pilze, Viren)
- krampflösend

Anwendungen:
- akute, kolikartige, blutige Durchfälle
- akute, chronische Entzündungen im Magen-Darm-Trakt
- Maul-, Zahnfleisch- und Analschleimhautentzündung
- schlecht heilende Wunden, Druckgeschwüre, nässende Ekzeme

Tagesdosis: 5–10 g Rhizom

Darreichung:
- Wurzelpulver dem Futter, Latwergen, Pillen, Bissen, Salz zugeben
- Wurzelpulver auf stark blutende Wunden (Schnitt-, Stoß-, Risswunden) geben
- Kompresse auf nässenden Ekzemen oder oberflächlich blutenden Wunden
- Teeabkochung, Tinktur
- Fertigpräparate: Cefadiarrhon Tr., Entero-fides-Pulver
- Ergänzungsfuttermittel

Nebenwirkungen: eventuell Magenreizung
Kontraindikation: in der Phytotherapie keine

BRENNNESSEL

Name: *Urtica dioica*
Familie: Brennnesselgewächse, Urticaceae
Verwendete Pflanzenteile: Kraut, Wurzel, Samen
Inhaltsstoffe: Mineralstoffe (Kieselsäure, Kalium, Calcium, Eisen), Flavonoide, Karotinoide, Chlorophyll

Wirkungen Blätter

- harntreibend, stoffwechselanregend
- blutreinigend, entschlackend (harnsäureausscheidend)
- entzündungshemmend, antirheumatisch
- örtlich durchblutungsfördernd durch Brennen mit den frischen Blättern (Brennnesselrute)
- örtlich betäubend, schmerzlindernd (bei Tieren)
- vitalisierend, stärkend, kräftigend (ölhaltige Samen)

Anwendungen Blätter

- Durchspülen der Harnwege bei Harnwegsentzündung
- Vorbeugung und Therapie von Nierengrieß (Nieren-, Blasensteine)
- unterstützend bei rheumatischen Beschwerden (Gicht, Rheuma)
- verdauungsfördernd (abführend, tonisierend auf Leber und Galle)
- Ermüdungs- und Erschöpfungszustände bei schwachen, alten Tieren
- Hautprobleme, glanzloses, stumpfes räudiges Fell/Wolle

Tagesdosis: Kraut und Blätter 10–25 g, Presssaft circa 60 ml/100 kg Körpergewicht

Darreichung:

- Samen und Kraut zum Einfügen in Futter, Latwergen, Pillen, Salz
- Tee, Brennnesselheu
- Tinktur oder Spiritus, frische Brennnesselrute (Urtikation: Abklopfen der rheumatischen Gelenke mit Brennnesseln)
- Frischpflanzenpresssaft der Blätter Florabio Brennnesselsaft

Nebenwirkungen Blätter: keine bekannt
Kontraindikation Blätter: Herz- und Nierenschwäche, nicht bei trächtigen Tieren anwenden, da Gefahr der Verstärkung von Gebärmutterkontraktionen

HINWEIS

Bei Brennnesselanwendungen ausreichend Flüssigkeit anbieten, mindestens 2 l/Tag.

EIBISCH

Name: *Althaea officinalis*
Familie: Malvengewächse, Malvaceae
Verwendete Pflanzenteile: Blätter, Wurzeln
Inhaltsstoffe Blätter: Schleimstoffe, Pektine, Flavonoide
Inhaltsstoffe Wurzeln: Schleimstoffe

Wirkungen:
- reizmildernde Wirkung auf Haut und Schleimhäute
- hustenreizlindernd, schleimlösend
- entzündungshemmend
- puffert bei zu viel Säure

Anwendungen:
- Entzündungen der Atemwege, Bronchitis, Reizhusten
- Entzündungen des Verdauungstrakts (Maul- und Rachenschleimhaut bis After)
- Entzündungen der Harnwege
- Entzündungen der Haut, Brandwunden, Insektenstiche

Tagesdosis: Blätter 7 g/100 kg Körpergewicht, Wurzel 5–50 g,

Darreichung:
- Pulver der Blätter und Wurzel zum Einfügen in Futter, Latwergen, Pillen, Salz
- Tee
- Feucht-heiße Auflage

Nebenwirkungen: keine bekannt
Kontraindikation: keine bekannt

EICHE

Name: *Quercus robur* (Stieleiche) und *Quercus petraea* (Traubeneiche)
Familie: Buchengewächse, Fagaceae
Verwendete Pflanzenteile: Rinde der jungen, fingerdicken Zweige
Inhaltsstoffe: Gerbstoffe, Flavonoide, Bitterstoffe, Mineralstoffe

Wirkungen:
- stopfend, adstringierend (zusammenziehend), gewebeverdichtend
- austrocknend, blutstillend, entzündungshemmend
- keimhemmend, virenhemmend, wurmhemmend
- mild oberflächenbetäubend, schmerzstillend, juckreizstillend

Anwendungen:
- unspezifische akute Entzündungen im Verdauungstrakt
- akute, auch blutige Durchfallerkrankungen
- örtliche Behandlung leichter Entzündungen im Maul- und Rachenbereich sowie im Genital- und Analbereich
- entzündliche Hauterkrankungen mit Juckreiz (Pocken)
- geschwollene, entzündete Augen
- chronische, nässende Ekzeme (Schrunden, Juckreiz)
- nässende, leicht blutende Klauengeschwüre

Tagesdosis: 5–10 g Rinde

Darreichung:
- pulverisierte Rinde dem Futter, Latwergen, Pillen, Bissen, Salz zugeben
- Tee, Tinktur innerlich und äußerlich
- Auflagen/Umschlag, Spülung, Klauenbad
- Fertigpräparate: Ventrasan N 977 mg/g, Rurex, Durchfallpulver N Dr. Schaette, Enteroconpulver

Nebenwirkungen: keine bekannt
Kontraindikation: großflächige Hautschäden, da Gerbstoffe resorbiert werden und die Leber belasten können; Langzeitanwendung, die die Darmwand abdichtet und so die Nährstoffresorption behindert

TIPP

Mit Maronenmehl nehmen die Tiere die Eichenrinde besser an und bekommen durch Zucker und Stärke wieder mehr Energie.

ENGELWURZ

Name: *Angelica archangelica*
Familie: Doldenblütler, Apiaceae
Verwendete Pflanzenteile: Wurzel, Samen
Inhaltsstoffe: ätherische Öle, Bitterstoffe, Gerbstoffe, Furanocumarine und Cumarine

Wirkungen:
- entblähend, krampflösend
- appetit- und verdauungssaftanregend (Pansen, Galle, Bauchspeicheldrüse)
- anregend, tonisierend
- abwehrstärkend, wärmend
- nervenstärkend

Anwendungen:
- Verdauungsstörungen, Appetitlosigkeit, leichte Magen-Darm-Krämpfe, Aufgasen
- Atemwegserkrankungen, Erkältung
- Stärkung bei Schwächezuständen, Stress, Erschöpfung, Alter
- rheumatische Schmerzen, Muskelentspannung

Tagesdosis: 4 g Wurzel

Darreichung:
- Wurzel/-pulver zum Einfügen in Futter, Latwergen, Pillen, Salz
- Tee und Tinktur, innerlich
- Inhalation mit Tee
- Fertigpräparat: Herbi Colan

Nebenwirkungen: macht lichtempfindlich (Sonne), im Sommer Schattenplätze anbieten
Kontraindikation: keine bekannt

GELBER ENZIAN

Name: *Gentiana lutea*
Familie: Enziangewächse, Gentianaceae
Verwendete Pflanzenteile: Wurzel (Rhizom)
Inhaltsstoffe: Bitterstoffe, Kohlenhydrate, wenig ätherische Öle

Wirkungen:

- allgemein stärkend
- verdauungsfördernd, appetitanregend, Speichel- und Magensaftsekretion anregend
- immunsystemstärkend, schleimlösend
- stärkend bei erschöpften und alten Tieren

Anwendungen:

- Appetitlosigkeit, Verdauungsstörungen mit Aufgasen, Koliken, Verstopfung
- mangelnde Magen- und Pansensaftsekretion
- Stärkung geschwächter Tiere (Rekonvaleszenz)

Tagesdosis: 2–5 g Wurzel

Darreichung:

- Wurzel/Wurzelpulver zum Einfügen in Futter, Latwergen, Pillen, Salz
- Tee
- Tinktur
- mit Enziantinktur getränktes Strohseil (siehe Kolik Seite 101)
- Fertigpräparat: Omasin ad us vet (CH), Ergänzungsfuttermittel

Nebenwirkungen: Magenschleimhautentzündung bei Überdosierung und Langzeitanwendung; ansonsten sehr gut magenverträglich, da Gerbstoffe fehlen
Kontraindikation: keine bekannt

WICHTIG

Enziane stehen unter Naturschutz und sollten nicht wild gesammelt werden. Achtung: Es kann zu Verwechslungen mit dem giftigen Weißen Germer kommen!

FENCHEL

Name: *Foeniculum vulgare*
Familie: Doldengewächse, Apiaceae
Verwendete Pflanzenteile: Samen, Früchte
Inhaltsstoffe: ätherische Öle, Flavonoide, Cumarine

Wirkungen:
- blähungshemmend, krampflösend, appetitanregend, verdauungsfördernd
- schleimlösend, auswurffördernd, keimhemmend
- milchbildungsfördernd
- beruhigend, entzündungshemmend für Augen
- Ungeziefer abwehrend

Anwendungen:
- krampfartige Verdauungsbeschwerden mit Aufgasen, Appetitlosigkeit, Luftschlucken
- Atemwegserkrankungen mit Husten, zähem Schleim, Heiserkeit
- mangelnde Milchbildung
- Augen- oder Bindehautentzündung
- Parasiten- und Insektenabwehr

Tagesdosis: Früchte 5–10 g, vor Gebrauch frisch anstoßen

Darreichung:
- Samen oder Pulver zum Einfügen in Futter, Latwergen, Pillen, Salz
- Tee, innerlich und äußerlich
- Augenkompressen
- Inhalation
- Tinktur, Fenchelhonig, Sirup, Ölmazerat
- Fertigpräparate: Herbi ColoSan , Ergänzungsfuttermittel

Nebenwirkungen: keine bekannt
Kontraindikation: keine bekannt

Fenchel

Frauenmantel

FICHTE

Name: *Picea abies* (Rotfichte)
Familie: Kieferngewächse, Pinaceae
Verwendete Pflanzenteile: Fichtenspitzen
Inhaltsstoffe: ätherische Öle, Harze, Gerbstoffe, Flavonoide, Vitamin C

Wirkungen:
- mild keimhemmend
- entzündungshemmend
- mild krampf- und schmerzlindernd
- schleimlösend, schleimverflüssigend
- durchblutungsfördernd, entspannend

Anwendungen:
- Atemwegserkrankungen mit festsitzendem Husten
- zur Beruhigung
- rheumatische Beschwerden
- Muskelschmerzen

Tagesdosis Fichtenspitzen: 3–6 g Fichtenspitzen

Darreichung:
- Fichtenspitzen klein geschnitten zum Einfügen in Futter, Latwergen, Pillen, Salz
- Tee, innerlich und äußerlich
- Inhalation
- feucht-heiße Kompresse
- Fichtensprossenhonig
- Fertigpräparat: Stullmisan vet. Pulver

Nebenwirkungen: in der Phytotherapie keine
Kontraindikation: in der Phytotherapie keine

FRAUENMANTEL

Name: *Alchemilla xanthochlora*
Familie: Rosengewächse, Rosaceae
Verwendete Pflanzenteile: Kraut
Inhaltsstoffe: Gerbstoffe; Flavonoide, wenig Bitterstoffe

Wirkungen:
- zusammenziehend, blutstillend
- entzündungshemmend, wundheilungsfördernd
- leicht schmerzlindernd, leicht krampflösend
- juckreizlindernd
- gefäßschützend

Anwendungen in der Volksheilkunde:
- Kräftigung der Gebärmutter vor und nach der Geburt (Rückbildung)
- blutstillend unter der Geburt, Verbesserung der Wundheilung
- Wundauflage bei Euterentzündung
- Juckreiz im Genitalbereich (Spülung, Waschung)
- Augenentzündung, nässende Ekzeme, Maulschleimhautentzündung

Tagesdosis: 5–8 g Kraut
- keimhemmend auf Bakterien, Viren, Pilze

Anwendungen:
- leichte Magen-Darm-Entzündungen
- unspezifische Durchfallerkrankungen

Darreichung:
- Kraut oder Pulver zum Einfügen in Futter, Latwergen, Pillen, Salz
- Tee oder Tinktur, innerlich und äußerlich
- feucht-heiße Kompressen zur Geburtsunterstützung
- Waschung, Spülung bei (Nach-)Blutungen

Nebenwirkungen: keine bekannt
Kontraindikation: keine bekannt

GÄNSEBLÜMCHEN

Name: *Bellis perennis*
Familie: Korbblütler, Asteraceae
Inhaltsstoffe: Saponine, Schleimstoffe, Bitterstoffe, Gerbstoffe, Flavonoide, Mineralstoffe

Wirkungen:
- zusammenziehend, wundheilungsfördernd, entzündungshemmend
- schleimlösend, auswurffördernd
- schmerzlindernd, juckreizlindernd, krampflösend, kühlend
- stoffwechselanregend, verdauungsfördernd

Anwendungen:
- Haut- und Schleimhautleiden: Ekzeme, Juckreiz, Trockenheit
- festsitzender Husten, Bronchitis
- Appetitlosigkeit, Verdauungsstörungen

Tagesdosis: 5–8 g Kraut

Darreichung:
- Tee, innerlich und äußerlich
- Kompresse
- Wiesen- und Wundpflaster

Kontraindikation: keine bekannt
Nebenwirkungen: keine bekannt

GÄNSEFINGERKRAUT

Name: *Potentilla anserina*
Familie: Rosengewächse, Rosaceae
Verwendete Pflanzenteile: Kraut (Blätter und Blüten)
Inhaltsstoffe: Gerbstoffe, Flavonoide, Anthozyane, Cumarine

Wirkungen:
- adstringierend, zusammenziehend, leicht stopfend
- antibakteriell
- entzündungshemmend
- stark krampflösend (Krampfkraut Nr. 1!)

Anwendungen:
- Durchfallerkrankungen, Koliken
- Maul- und Rachenschleimhautentzündung

Tagesdosis: 5–15 g blühendes Kraut

Darreichung:
- Kraut oder Pulver zum Einfügen in Futter, Latwergen, Pillen, Salz
- Tee und Tinktur, innerlich und äußerlich
- Teekompresse auf oberflächliche, nässende Hautentzündungen
- Spülung von Maul- oder Genitalbereich (Entzündung, oberflächliche Blutungen)
- Fertigpräparat: Florabio naturreiner Heilpflanzensaft Gänsefingerkraut

Nebenwirkungen: keine bekannt
Kontraindikation: keine bekannt

ECHTE GOLDRUTE

Name: *Solidago virgaurea*
Familie: Korbblütler, Asteraceae
Verwendete Pflanzenteile: Kraut
Inhaltsstoffe: Flavonoide (Rutin), Saponine, ätherische Öle, Gerbstoffe, Phenylglykoside (Leiocarposid, Virgaureosid)

Wirkungen:
- harntreibend, durchblutungsfördernd (Nieren)
- entzündungshemmend, schmerzlindernd, krampflösend (glatte Muskulatur)
- antibakteriell, pilzwidrig, immunmodulierend

Anwendungen:
- gut wirksames Nierenmittel als Durchspültherapie bei Entzündungen der ableitenden Harnwege (Nierenentzündung, Blasenentzündung)
- Harnsteine, Nierengrieß, Reizblase (Prophylaxe und Therapie)
- begleitend bei Rheuma, Gicht, Stoffwechselerkrankungen, Ekzemen
- Entzündungen im Maul- und Klauenbereich
- schlecht heilende Wunden, Pilzbefall
- Geschwüre, Ekzeme und Hautausschläge („Heydnisch Wundkraut")
- Lippenherpes

Tagesdosis: 10 g blühendes Kraut

Darreichung:
- Kraut oder Pulver zum Einfügen in Futter, Latwergen, Pillen, Salz
- Tee und Tinktur, innerlich und äußerlich
- Teekompresse, Spülung mit Tee oder Tinktur
- Ergänzungsfuttermittel

Nebenwirkungen: keine bekannt
Kontraindikation: Ödeme (Wasseransammlungen) infolge eingeschränkter Herz- und Nierentätigkeit, chronische Nierenentzündung und bekannte Nierensteine

TIPP

Kanadische Goldrute (*Solidago canadensis*) und Riesen-Goldrute (*Solidago gigantea*) können in harntreibende Teemischungen zum Durchspülen der Harnwegsinfekten gemischt werden. Sie wirken außerdem krampflösend.

GUNDERMANN

Name: *Glechoma hederacea*
Familie: Lippenblütler, Lamiaceae
Verwendete Pflanzenteile: blühendes Kraut
Inhaltsstoffe: Gerbstoffe, Bitterstoffe, Saponine, ätherische Öle, Vitamin C, Mineralien

Wirkungen:

- adstringierend, blutstillend
- entzündungshemmend, austrocknend
- desinfizierend, keimhemmend

Anwendungen:

- schlecht heilende, eitrige Wunden, Narben, Geschwüre

Tagesdosis: ca. 3 g

Darreichung:

- Tee und Tinktur, äußerlich
- feuchte Wundauflage
- Wundspülung

Nebenwirkungen äußerlich: keine bekannt
Kontraindikation äußerlich: keine bekannt

HEIDELBEERE

Name: *Vaccinium myrtillus*
Familie: Heidekrautgewächse, Ericaceae
Verwendete Pflanzenteile: getrocknete Beeren
Inhaltsstoffe: Gerbstoffe, Proanthocyanidine, Flavonoide, Fruchtsäuren, Pektine

Wirkungen getrocknete Beeren:

- zusammenziehend, blutstillend (oberflächlich)
- stopfend, flüssigkeitsbindend, (aus-)trocknend
- entzündungshemmend, wundheilungsfördernd
- keimhemmend auf Bakterien und Viren
- zellwandschützend und -stabilisierend

Anwendungen:

- Durchfall, Magen- und Darmschleimhautentzündung, besonders bei Jungtieren
- Harnwegsinfekte, Atemwegserkrankungen
- rheumatische Erkrankungen
- oberflächliche Blutungen, schlecht heilende Geschwüre, nässende Hauterkrankungen, Brandwunden
- Augenentzündung
- Würmer (frischer Fruchtsaft)

Tagesdosis: getrocknete Früchte: 80 g/100 kg Körpergewicht

Darreichung:

- getrocknete Früchte direkt zufüttern oder zum Einfügen in Futter, Latwergen, Pillen, Salz
- Tee, Aufkochung (Dekokt)
- Presssaft und Tinktur
- Abkochung für Spülung bei Schleimhautentzündungen im Mund-Rachen-Raum

Nebenwirkungen: keine bekannt
Kontraindikation: keine bekannt

HINWEIS

Frische Heidelbeeren wirken abführend.

HIRTENTÄSCHEL

Name: *Capsella bursa pastoris*
Familie: Kreuzblütler, Brassicaceae
Verwendete Pflanzenteile: blühendes Kraut
Inhaltsstoffe: Flavonoide, Scharfstoffe, Phenylcarbonsäuren, Saponine

Wirkungen (große Schwankungen):

- lokal blutstillend, zusammenziehend, tonisierend auf Venen und Muskulatur
- steigert Uteruskontraktion (Wehen, Gebärmutterrückbildung nach dem Lammen)
- entzündungshemmend

Anwendungen:

- Wehenschwäche, Gebärmutterrückbildung
- oberflächliche Wunden, blutende Hautverletzungen
- Blutungen im Maul (Zahnfleisch), nach Zahnentfernung und Nasenbluten (lokal innere Anwendung)

Tagesdosis: 10–15 g Kraut

Darreichung:

- frisches (!) Kraut zum Einfügen in Futter, Latwergen, Pillen, Salz unter der Geburt und während der ersten Woche nach dem Lammen
- Tee und Tinktur, innerlich und äußerlich
- feucht-kalte Auflage oder Kompresse auf oberflächliche Blutungen
- Spülung von Maul- oder anderen oberflächlichen Blutungen

Nebenwirkungen: keine bekannt
Kontraindikation: keine bekannt

SCHWARZER HOLUNDER

Name: *Sambucus nigra*
Familie: Moschuskrautgewächse, Adoxaceae
Verwendete Pflanzenteile: Blüten, Beeren
Inhaltsstoffe Blüten: Flavonoide, ätherisches Öl, Phytosterine, Schleime, Gerbstoffe, Kalium
Inhaltsstoffe Beeren: Anthocyane, Flavonoide, ätherisches Öl, Vitamin A, B1, 2, 6, C, Folsäure, Eisen

Wirkungen Blüten und Beeren:
- schweißtreibend
- schleimlösend, schleimhautbefeuchtend
- entzündungshemmend, immunstimulierend
- antiviral (Influenza A und B)

Anwendungen Blüten und Beeren:
- Erkältungskrankheiten; trockener, festsitzender Husten, Nebenhöhlenentzündung
- Abwehrstärkung, Kehlkopfentzündung
- Neuralgien (Nervenschmerzen)

Tagesdosis: Blüten 5–10 g; Beeren 20 ml Saft

Darreichung:
- 5 g Blüten oder Blütenpulver zum Einfügen in Futter, Latwergen, Pillen, Salz
- Tee
- Beerensaft/Beerenmus mit warmem Wasser

Nebenwirkungen rohe Beeren: Magenschmerzen, Erbrechen und Durchfall
Kontraindikation: keine bekannt

HINWEIS

Nach 5–7-minütigem Abkochen der Beeren oder des Presssafts ist dieser gut verträglich.

INGWER

Name: *Zingiber officinale*
Familie: Ingwergewächse, Zingiberaceae
Verwendete Pflanzenteile: Wurzelstock/Rhizome
Inhaltsstoffe: ätherisches Öl, Scharfstoffe, Bitterstoffe, Schleime

Wirkungen:
- verdauungsfördernd, appetitanregend, krampflösend
- übelkeits- und blähungslindernd
- keimhemmend, entzündungshemmend
- tonisierend, kräftigend, durchblutungsfördernd
- erwärmend, immunsystemstärkend

Anwendungen:
- Verdauungsbeschwerden mit Appetitlosigkeit, Übelkeit, Aufgasen, Gärungsbeschwerden, Krämpfen
- chronische Entzündungen im Verdauungstrakt
- Erkältungskrankheiten und Infekte mit Husten
- rheumatische Muskel- und Gelenkschmerzen, Verspannungen

Tagesdosis: 2–5 g Rhizom

Darreichung:
- Tee
- Pulver oder Aufgüsse zur Appetitsteigerung, bei Verdauungsbeschwerden
- heiße Ingwerpaste, äußerlich
- Ergänzungsfuttermittel

Nebenwirkungen: keine bekannt
Kontraindikation: keine bekannt

Schwarzer Holunder

JOHANNISKRAUT

Name: *Hypericum perforatum*
Familie: Hartheugewächse, Hypericaceae
Verwendete Pflanzenteile: Kraut (Blüten, Knospen, Fruchtkapseln)
Inhaltsstoffe: Hypericin, Hyperforin, Flavonoide, Gerbstoffe, ätherisches Öl

Wirkungen:
- beruhigend, leicht angstlösend
- keimhemmend (Bakterien, Viren, Pilze)
- wundheilungsfördernd, narbenbildend (Rotöl)
- entzündungshemmend, durchblutungsfördernd
- schmerz- und juckreizlindernd

Anwendungen:
- nervöse, unruhige, ängstliche, erschöpfte und gereizte Tiere
- Verdauungsbeschwerden, Schleimhautentzündung (Öl), Wurmbefall
- offene Wunden: Schnitt und Schürfwunden, Geschwüre, Insektenstiche
- geschlossene Wunden: Verstauchungen, Prellungen, Verrenkungen, Ekzeme
- Sonnenbrand, Verbrennungen 1. Grades, Narbenpflege
- Muskel- und Nervenschmerzen, Verspannungen, rheumatische Gelenke

Tagesdosis: 3–8 g Kraut

Darreichung:
- Pflanze oder Pflanzenpulver zum Einfügen in Futter, Latwergen, Pillen, Salz
- Tee und Tinktur
- Ölmazerat, innerlich und äußerlich (Einreibung, Auflage)
- Ergänzungsfuttermittel

Nebenwirkungen: erhöht die Lichtempfindlichkeit (Sonnenlicht), Hautreaktionen an dünn behaarten und wenig pigmentierten Körperstellen (Euter)
Kontraindikation: nicht zusammen mit Antibiotika verabreichen

HINWEIS

Für ängstliche oder nervöse Tiere sind Ergänzungsfuttermischungen mit Hopfen, Johanniskraut, Grünem Hafer, Melisse, Passionsblume erhältlich.

KAMILLE

Name: *Matricaria recutita*
Familie: Korbblütler, Asteraceae
Verwendete Pflanzenteile: Blüten
Inhaltsstoffe: ätherisches Öl, Flavonoide, Cumarine, Schleime

Wirkungen:

- krampflösend, entblähend, verdauungsfördernd
- keimhemmend gegen Bakterien und Pilze
- entzündungshemmend, wundheilungsfördernd
- schleimlösend

Anwendungen:

- Entzündungen im Verdauungstrakt, Krämpfe, Durchfall, Aufgasen, Übelkeit
- Haut-/Schleimhautentzündung (Mund bis After, Atemwege, Anal- und Genitalbereich)
- Wundreinigung (schlechte Heilung, schmierige Wundränder)
- Wundsein, Wundliegen, Geschwüre, Verbrennungen 1. Grades
- unruhige, gereizte Tiere

Tagesdosis: 5–10 g Blüten

Darreichung:

- Pulver zum Einfügen in Futter, Latwergen, Pillen, Salz – gut in Kombination mit Kümmel und Fenchel
- Tee und Tinktur
- Inhalation und Spülung
- feucht-heiße Kompresse
- Salbe, Pflegemittel mit Kamille
- Fertigpräparate: Kamillosan Konzentrat Lsg., Stullmisan vet. Pulver, Ergänzungsfuttermittel

Nebenwirkungen: selten Kontaktdermatitis durch Vermischung von Hundskamille (Anthemis arvensis) und Römischer Kamille (A. nobilis), Korbblütlerallergie
Kontraindikation: keine bekannt

KÜMMEL

Name: *Carvum carvi*
Familie: Doldenblütler, Apiaceae
Verwendete Pflanzenteile: Samen
Inhaltsstoffe: ätherisches Öl, Flavonoide, Cumarine

Wirkungen:
- verdauungsfördernd, entblähend, appetitanregend, keimhemmend
- stark krampflösend
- mild auswurffördernd, milchbildungsfördernd

Anwendungen:
- Verdauungsbeschwerden, Aufgasen, Appetitlosigkeit – gutes „Fresspulver" zur Appetitanregung
- Koliken, (leichte) krampfartige Magen-Darm-Beschwerden
- Fehlverdauung (Gärungsdyspepsien), zur Unterstützung bei Futterumstellung
- Milchmangel
- Insektenabwehr, Atemwegserkrankungen

Tagesdosis: 5–10 g Samen, vor Gebrauch frisch anstoßen

Darreichung:
- Samen oder Pulver zum Einfügen in Futter, Latwergen, Pillen, Salz
- Tee
- Kümmeltinktur: auf Brot oder in Wasser verdünnen
- Ölmazerat
- Inhalation, feucht-heiße Auflage
- Paste aus Heilerde mit Kümmeltee
- Fertigpräparat: ColoSan bei futterbedingtem Aufgasen, kleinschaumiger Gärung

Kontraindikation: keine bekannt
Nebenwirkungen: keine bekannt

LEIN

Name: *Linum usitatissimum*
Familie: Leingewächse, Linaceae
Verwendete Pflanzenteile: Samen
Inhaltsstoffe: Schleimstoffe, fettes Öl, Gamma-Linolensäure

Wirkungen:
- schleimhautschützend (ein Schleimfilm dient als Schutz vor Pansensäften)
- reizmildernd, säurepuffernd (neutralisieren Magensäure)
- stuhlregulierend – durchfallhemmend und mild abführend

Anwendungen:
- Schleimhautreizung und -entzündung, Geschwüre im Magen-Darm-Trakt
- Darmträgheit, Verstopfung, Durchfall
- trockene, entzündete Haut (Ekzeme, Sonnenbrand) und Schleimhaut (Mund bis Anal- und Genitalbereich)
- als Kataplasma aufweichend (Klauenentzündung, Klauenabszess)

Tagesdosis: 25–50 g Samen, 50–150 ml Leinsamenöl

Darreichung:
- Samen und Pulver zum Einfügen in Futter, Latwergen, Pillen, Salz
- Kaltauszug
- Leinöl aus kaltgepressten Samen
- Leinsamenkataplasma
- Pressrückstände der Samen (harter, grauer Kuchen aus den gepressten Samenschalen)
- Fertigpräparat: Linusit-Gold Leinsamen
- Ergänzungsfuttermittel

Nebenwirkungen: keine bekannt
Kontraindikation: keine bekannt

LINDE

Name: *Tilia platyphyllos* (Sommerlinde) und *Tilia cordata* (Winterlinde)
Familie: Lindengewächse, Tilioidae
Verwendete Pflanzenteile: Blütenstände
Inhaltsstoffe: Flavonoide, Schleimstoffe, Gerbstoffe, ätherische Öle, Phenylcarbonsäure

Wirkungen:

- schweißtreibend, immunstimulierend (stärkt unspezifische Abwehr)
- auswurffördernd, schwach krampflösend, keimhemmend
- reizlindernd, zusammenziehend auf Haut und Schleimhaut
- beruhigend, nervenstärkend

Anwendungen:

- fiebrige Erkältungskrankheiten, Atemwegserkrankungen
- trockener, festsitzender Reizhusten, Schnupfen
- Nasen und Nasennebenhöhlenentzündung
- Unruhe

Tagesdosis: 5–10 g Blüten

Darreichung:

- Blütenpulver zum Einfügen in Futter, Latwergen, Pillen, Salz
- Tee
- Tinktur
- Inhalation
- Augenkompressen
- Ergänzungsfuttermittel

Nebenwirkungen: keine bekannt
Kontraindikation: keine bekannt

Linde

Mädesüß

LÖWENZAHN

Name: *Taraxacum officinale*
Familie: Korbblütengewächse, Asteraceae
Verwendete Pflanzenteile: Wurzel, Kraut
Inhaltsstoffe: Bitterstoffe (Taraxacin), Gerbstoffe, Flavonoide, Schleimstoffe (Wurzel), Mineralien (Kalium, Calcium)

Wirkungen:

- appetitanregend, verdauungsfördernd, stoffwechselanregend (Magen, Leber, Galle, Bauchspeicheldrüse)
- krampflösend, entzündungshemmend
- mild abführend
- harntreibend – regt Harnfluss an und spült Harnwege durch

Anwendungen:

- Appetitlosigkeit, Verdauungsbeschwerden (Aufgasen)
- gestörter Gallenfluss, Anregung der Lebertätigkeit
- Blasenentzündung
- Vorbeugung von Harngrieß- und Harnsteinbildung (kastrierte Ziegen- und Schafböcke)
- Hauterkrankungen, Ekzeme
- unterstützend bei Rheuma

Tagesdosis: 5–10 g Kraut und Wurzel

Darreichung:

- Blatt- und Wurzelpulver zum Einfügen in Futter, Latwergen, Pillen, Salz
- Tee, Tinktur, Frischpflanzenpresssaft
- Ergänzungsfuttermittel

Nebenwirkungen: keine
Kontraindikation: Gallenwegs- und Darmverschluss, Vorsicht bei Gallensteinen und großen Harnsteinen

MÄDESÜSS

Name: *Filipendula ulmaria*
Familie: Rosengewächse, Rosaceae
Verwendete Pflanzenteile: Blüten, Blätter
Inhaltsstoffe: ätherisches Öl mit Salizylsäureverbindungen, Flavonglykoside, Gerbstoffe

Wirkungen:

- entzündungshemmend, schmerzstillend, fiebersenkend (pflanzliches Aspirin)
- schweißtreibend und immunsystemanregend
- keimhemend
- harntreibend

Anwendungen:

- Erkältungskrankheiten mit Fieber
- Gicht, rheumatische Beschwerden (Gelenke)
- Durchfall (besonders Jungtiere), Würmer
- Wunden

Tagesdosis Blüten: 5 g/100 kg Körpergewicht
Tagesdosis frischer Presssaft: 1 EL/100 kg Körpergewicht

Darreichung:

- Blüten, Blätter und Pulver zum Einfügen in Futter, Latwergen, Pillen, Salz
- Tee, Tinktur

Nebenwirkungen: bei Überdosierung können Magen-Darm-Beschwerden auftreten
Kontraindikation: Salizylatüberempfindlichkeit

HINWEIS

Wirkeintritt erst nach zwei Stunden, Wirkdauer bis 12 Stunden.

MALVE

Name: *Malva sylvestris* (Wilde Malve) und *Malva neglecta* (Wegmalve)
Familie: Malvengewächse, Malvaceae
Verwendete Pflanzenteile: Blätter, Blüten
Inhaltsstoffe: Schleimstoffe, Anthozyane, Flavonoide

Wilde Malve

Wirkungen:
- reizlindernd, einhüllend, beruhigend
- befeuchtend, kühlend
- entzündungshemmend, schleimhautschützend
- hustenreizlindernd, keimhemmend

Anwendungen:
- Entzündungen der Maul- und Rachenschleimhaut
- Entzündungen im Verdauungstrakt, Durchfall, Koliken
- Entzündete, gereizte Haut und Schleimhaut, Sonnenbrand
- Reizhusten
- Wunden, Nesselausschlag, Ekzeme, Insektenstiche

Tagesdosis: 5–30 g Blüten

Darreichung:
- blühendes Kraut zum Einfügen in Futter, Latwergen, Pillen, Salz
- Kaltauszug
- Ölmazerat der Blüten
- feuchte Auflage

Nebenwirkungen: keine bekannt
Kontraindikation: keine bekannt

MARIENDISTEL

Name: *Silybum marianum*
Familie: Korbblütengewächse, Asteraceae
Verwendete Pflanzenteile: Früchte
Inhaltsstoffe: Flavonoidkomplex (unter anderem Silymarin), fettes Öl, Tocopherole, Sterole

Wirkungen:
- leberzellschützend
- leberregenerierend
- verdauungsfördend
- entzündungshemmend

Anwendungen:
- begleitend bei toxischen Lebererkrankungen (Vergiftungen)
- chronische Leberentzündung
- Verdauungsbeschwerden
- trockene Ekzeme, Hautentzündungen

Tagesdosis: 15–20 g Samen/100 kg Körpergewicht

Darreichung:
- frisches, blühendes Kraut
- Samen und Pulver zum Einfügen in Futter, Latwergen, Pillen, Salz
- Ergänzungsfuttermittel
- Tinktur, Frischpflanzensäfte

Nebenwirkungen: in der Phytotherapie keine
Kontraindikation: in der Phytotherapie keine

HINWEIS

Mariendistel mindestens 8 Wochen verabreichen.

MELISSE

Name: *Melissa officinalis* (Zitronenmelisse)
Familie: Lippenblütler, Lamiaceae
Verwendete Pflanzenteile: Blätter
Inhaltsstoffe: ätherisches Öl (sehr flüchtig), Flavonoide, Gerbstoffe, Bitterstoffe

Wirkungen:
- beruhigend, entspannend, stresslösend
- leicht krampflösend, schmerzlindernd
- entblähend, verdauungsfördernd
- keimhemmend (schwach antibakteriell)
- antiviral (Lippenherpes)

Anwendungen:
- Erschöpfungszustände, Nervosität, Unruhe, mildes Beruhigungsmittel
- funktionelle Verdauungsbeschwerden mit Neigung zu Aufgasen
- Herpes simplex
- Nerven- und Muskelschmerzen

Tagesdosis: 5–10 g Blätter

Darreichung:
- Blätter und Pulver zum Einfügen in Futter, Latwergen, Pillen, Salz
- Tee, Tinktur, Frischpflanzenpresssaft (Herpes)
- Fertigpräparate: Stullmisan vet. Pulver (Extrakt Fichtensprossen, Kamillenblüten, Wermutkraut) bei Durchfällen, Verdauungsstörungen, Appetit- und Milchmangel

Nebenwirkungen: in der Phytotherapie keine bekannt
Kontraindikation: in der Phytotherapie keine bekannt

HINWEIS

Vor der Blüte sammeln, am besten frisch verwenden – getrocknet schneller Inhaltsstoffverlust.

PFEFFERMINZE

Name: *Mentha piperita*
Familie: Lippenblütler, Lamiaceae
Verwendete Pflanzenteile: Blätter
Inhaltsstoffe: ätherisches Öl (Menthol), Gerbstoffe, Bitterstoffe, Flavonoide

Wirkungen:

- verdauungsfördernd, gallenflussfördernd, gärungswidrig
- entblähend, krampflösend
- schleimlösend, auswurffördernd, hustenreizlindernd
- entzündungshemmend, kühlend
- keimhemmend auf Bakterien, Pilze sowie (Faden-)Würmer
- insektenabwehrend

Anwendungen:

- krampfartige Schmerzen und leichte Koliken
- Aufgasen, Appetitlosigkeit
- Atemwegserkrankungen mit Husten, Schnupfen
- Entzündungen der Maul- und Rachenschleimhaut
- Schürfwunden, Juckreiz, Nesselsucht

Tagesdosis: 5–10 g Kraut

Darreichung:

- Frischpflanze
- getrocknete Blätter oder Pulver zum Einfügen in Futter, Latwergen, Pillen, Salz
- Tee und Tinktur
- Inhalation
- Ergänzungsfuttermittel

Nebenwirkungen: keine
Kontraindikation: Verschluss der Gallenwege, Gallenblasenentzündung, schwere Leberschäden, vorsichtig dosieren während der Trächtigkeit sowie bei Lämmern und Kitzen

RINGELBLUME

Name: *Calendula officinalis*
Familie: Korbblütlergewächse, Asteraceae
Verwendete Pflanzenteile: ganze Blüten
Inhaltsstoffe: Flavonoide, Carotinoide, Saponine, Cumarine, ätherisches Öl, immunstimulierende Polysaccharide (Schleimstoffe)

Wirkungen:

- entzündungshemmend, wundheilungsfördernd
- keimhemmend: Bakterien, Grippe- und Herpesviren, Pilze
- immunsystemstärkend
- lymphabflussfördernd, gewebeabschwellend

Anwendungen:

- akute und chronische Entzündungen und Reizzustände von Haut und Schleimhaut
- Wunden (etwa Riss- und Quetschwunden, besonders schlecht heilende Wunden)
- Verbrennungen, Verbrühungen, Erfrierungen
- Entzündungen der Maul- (Lippengrind), Rachenschleimhaut, sowie Analbereich
- Entzündungen an Auge und Euter
- Hautpilz, Ekzeme
- Klauen: Mauke, Strahlfäule

Tagesdosis: 15 g Blüten/100 kg Körpergewicht

Darreichung:

- Kräuter zum Einfügen in Futter, Latwergen, Pillen, Salz
- Tee und Tinktur
- Ölauszug, Salbe, Schüttellotion
- Inhalation
- feucht-heiße Kompresse
- Fertigpräparate: PhlogAsept lokale Behandlung von Haut, Schleimhaut bei Wunden, Entzündungen oder Ekzemen; Calendula Urtinktur HAB, Pflegemittel mit Ringelblume

Nebenwirkungen: keine bekannt
Kontraindikation: bei Überempfindlichkeit gegen Korbblütengewächse nur die Zungenblüten verwenden

ROSMARIN

Name: *Rosmarinus officinalis*
Familie: Lippenblütler, Lamiaceae
Verwendete Pflanzenteile: Kraut
Inhaltsstoffe: ätherisches Öl (Cineol), Bitterstoffe, Gerbstoffe

Wirkungen:
- krampflösend
- durchblutungsfördernd (auch Herzkranzgefäße)
- kreislaufstimulierend (Schwäche)
- keimhemmend (Bakterien, Viren)
- galletreibend

Anwendungen:
- leichte krampfartige Verdauungsbeschwerden
- Kreislaufschwäche
- Erschöpfung und Rekonvaleszenz
- Durchblutungsstörungen
- Muskelschmerzen, rheumatische Erkrankungen
- Antiseptikum zur Förderung der Wundheilung

Tagesdosis: 10–15 g Kraut

Darreichung:
- Frischpflanze direkt füttern
- getrocknete Pflanze oder -pulver in Latwergen, Pillen, Bissen
- Tee oder Tiunktur
- Rosmarinspiritus

Nebenwirkungen: in der Phythotherapie keine
Kontraindikation: in der Phythotherapie keine

SALBEI

Name: *Salvia officinalis*
Familie: Lippenblütler, Lamiaceae
Verwendete Pflanzenteile: Blätter
Inhaltsstoffe: ätherisches Öl, Gerbstoffe, Bitterstoffe, Flavonoide, Phenolcarbonsäure

Wirkungen:

- verdauungsfördernd, galletreibend, appetitanregend, entblähend
- keimhemmend – antibakteriell, virenhemmend, pilzhemmend
- zusammenziehend, blutstillend, wundheilungsfördernd, entzündungshemmend
- sekretionshemmend (etwa auf Milch- und Speicheldrüsen)

Anwendungen:

- Verdauungsstörungen, Entzündungen im Verdauungstrakt, Durchfall, Aufgasen
- Steigerung der Fresslust
- Trockenstellen, Rückbildung des Gesäuges nach dem Absetzen
- Atemwegserkrankungen, grippale Infekte, Bronchitis, Kehlkopfentzündung
- Entzündungen der Maul- und Rachenschleimhaut, des Zahnfleisches
- nässende Ekzeme, schlecht heilende Wunden, Geschwüre
- Entzündungen im Genitalbereich

Tagesdosis: 5–10 g Blätter

Darreichung:

- Blätter und Pulver zum Einfügen in Futter, Latwergen, Pillen, Salz
- Tee und Tinktur
- Inhalation
- feucht-heiße Kompresse
- Abwaschung mit Tee
- Fertigpräparat: PhlogAsept, Pflegemittel mit Salbei

Nebenwirkungen: keine

Kontraindikation: innerlich nicht an trächtige oder säugende Muttertiere, sowie Säuglinge oder Jungtiere verabreichen (kann Milchsekretion hemmen); nicht bei Tieren, die zu epileptischen Anfällen neigen (hoher Thujonwert)

SANDDORN

Name: *Hippophae rhamnoides*
Familie: Ölweidengewächse, Elaeagnaceae
Verwendete Pflanzenteile: Beeren
Inhaltsstoffe Fruchtfleischöl: Provitamin A, Vitamin B1, B2, B6, B9, B12, Vitamin C, K und E, Carotinoide, Flavonoide, Anthozyane, gesättigte und ungesättigte Fettsäuren

Wirkungen:
- Infektprophylaxe
- haut- und schleimhautregenerierend
- entzündungshemmend, wundheilungsfördernd, schmerzlindernd
- stärkt die Hautschutzbarriere (etwa gegen UV-Licht), antibakteriell
- strafft und festigt Haut und (elastische und kollagene) Bindegewebe

Anwendungen:
- Schleimhautentzündungen des gesamten Verdauungstrakts
- Hauterkrankungen, wie Wunden, Druckgeschwüre, Ekzeme, Sonnenbrand, schlechte Narbenbildung, „Skin-Repair-Effekt"
- Pflege alter, trockener und sonnengeschädigter Hautstellen, Erfrierungen
- juckende, entzündete Ekzeme, Herpes
- Schleimhauterkrankungen von Maul bis Genitaltrakt

Tagesdosis: ½ TL Fruchtfleischsaft oder Öl

Darreichung:
- Beeren und Öl zum Einfügen in Futter, Latwergen, Pillen, Salz
- Fertigpräparat, etwa BioPräp

Nebenwirkungen: keine
Kontraindikation: Bauchspeicheldrüsen-, Leber- oder Gallenblasenentzündung, Gallensteine, chronische Durchfälle

Sanddorn

Spitzwegerich

SCHAFGARBE

Name: *Achillea millefolium*
Familie: Korbblütler, Asteraceae
Verwendete Pflanzenteile: Kraut, Blüten
Inhaltsstoffe: ätherisches Öl, Bitterstoffe, Flavonoide, Gerbstoffe

Wirkungen:
- leber- und gallenflussanregend, appetitanregend, verdauungsfördernd
- entblähend, krampflösend
- entzündungshemmend, keimhemmend (antibakteriell)
- wundheilungsfördernd, zusammenziehend, blutstillend

Anwendungen:
- Verdauungsbeschwerden (Leber, Galle), Appetitlosigkeit
- Aufgasen, Durchfall, Koliken
- Blutungen unter dem Lammen (Geburt), Verletzungen im Genitalbereich
- entzündete, unreine, nässende Wunden und Haut- und Schleimhauterkrankungen,
- Verletzungen, Geschwüre

Tagesdosis: Kraut: 5–10 g; frischer Schafgarbensaft: 3 TL Saft mit 3 TL kaltem Wasser/100 kg Körpergewicht

Darreichung:
- Kraut oder Pulver zum Einfügen in Futter, Latwergen, Pillen, Salz
- Tee, Tinktur (Wundspülmittel)
- Frischpflanzenpresssaft ((siehe Rezeptze)
- Säckchen als Auflage
- Ergänzungsfuttermittel

Nebenwirkungen: selten Kontaktallergie
Kontraindikation: keine bekannt

SPITZWEGERICH

Name: *Plantago lanceolata*
Familie: Wegerichgewächse, Plantaginaceae
Verwendete Pflanzenteile: Blätter
Inhaltsstoffe: Schleimstoffe, Flavonoide, Gerbstoffe, Aucubin (Frischblatt), Kieselsäure, Mineralstoffe, Vitamin C

Wirkungen:
- keimhemmend, antibakteriell
- reizlindernd, hustenreizlindernd (gut für Jungtiere)
- entzündungshemmend, wundheilunghsfördernd, haut- und schleimhautpflegend
- kühlend, abschwellend, blutstillend
- (lokal) schmerzlindernd, juckreizlindernd

Anwendungen:
- Atemwegserkrankungen, wie akute Bronchitis, Husten oder Reizhusten
- Entzündungen der Maul- und Rachenschleimhaut
- erste Hilfe bei Verletzungen der Haut- und Schleimhaut, leichte Blutungen
- oberflächliche (Schürf-)Wunden, Insektenstiche, Brennnesselstiche
- eitrige Wunden, Geschwüre

Tagesdosis: Bätter 3–10 g/100 kg Körpergewicht, frischer Presssaft 1 EL Saft/100 kg Körpergewicht, mit je ½ EL angewärmtem Wasser verrührt

Darreichung:
- Blätter oder Pulver zum Einfügen in Futter, Latwergen, Pillen, Salz
- Tee und Tinktur
- Spitzwegerichhonig
- Frischpflanzenblatt = Erste-Hilfe-Wiesenpflaster
- Ergänzungsfuttermittel

Nebenwirkungen: keine
Kontraindikation: keine

SÜSSHOLZ

Name: *Glycyrrhiza glabra*
Familie: Schmetterlingsblütler, Faboideae
Verwendete Pflanzenteile: Wurzel
Inhaltsstoffe: Saponine, Flavonoide, Cumarine

Wirkungen:

- schleimhautschützend besonders für den Magen-Darm-Trakt
- entzündungshemmend, wundheilungsfördernd (Geschwüre)
- schleimlösend, hustenreizlindernd, auswurffördernd
- keimhemmend (Bakterien, Viren, Pilze)

Anwendungen:

- entzündliche Erkrankungen und Geschwüre im Magen-Darm-Trakt
- Entzündungen der Atemwege
- Hautentzündungen (Dermatitis)

Tagesdosis: 5–15 g Wurzeln (200–600 mg Glycyrrhizin)

Darreichung:

- Wurzelpulver zum Einfügen in Futter, Latwergen, Pillen, Salz
- Teemischung
- Ergänzungsfuttermittel

Nebenwirkungen: beim Menschen cortisonähnliche Symptome; beim Tier keine bekannt
Kontraindikation: für Tiere keine bekannt. Vorsicht aber während Trächtigkeit sowie gleichzeitiger Medikation für Herz oder Niere.

WICHTIG!

Die Anwendung als Einzeldroge mit dem Tierarzt besprechen! Maximal 4–8 Wochen anwenden.

THYMIAN

Name: *Thymus vulgaris*
Familie: Lippenblütler, Lamiaceae
Verwendete Pflanzenteile: Kraut
Inhaltsstoffe: ätherisches Öl (Thymol), Gerbstoffe, Flavonoide

Wirkungen:

- krampflösend auf Magen, Atemwege und Gebärmutter
- verdauungsfördernd, gärungs- und fäulniswidrig
- schleimlösend, auswurffördernd
- stark keimhemmend (Bakterien, Viren, Pilze und Würmer)
- entzündungshemmend
- stimulierend, tonisierend

Anwendungen:

- Fressluststeigerung, Verdauungsstörungen, Darmkrämpfe, Aufgasen
- Bronchitis, festsitzender oder krampfartiger Husten
- Entzündungen des Maul- und Rachenraums
- Maul- und Klauenseuche
- Blasenentzündung
- Parasitenbefall, Wurmmittel

Tagesdosis: 5–10 g Kraut

Darreichung:

- Kraut oder Pulver zum Einfügen in Futter, Latwergen, Pillen, Salz
- Tee und Tinktur
- Hustensirup, Fluid-Extrakt
- Inhalation
- Öl-Kompresse
- Klauenbad
- Fertigpräparate: PlantaPulmin-S-Konzentrat, Ergänzungsfuttermittel

Nebenwirkungen: in der Phytotherapie keine
Kontraindikation: in der Phytotherapie keine

WEGWARTE

Name: *Cichorium intybus*
Familie: Korbblütler, Astaraceae
Verwendete Pflanzenteile: Blätter, Wurzel
Inhaltsstoffe: Bitterstoffe, Inulin, Flavonoide

Wirkungen:

- appetitanregend
- mild gallenflussfördernd, allgemein verdauungsfördernd

Anwendungen:

- Fressunlust, Verdauungsbeschwerden, Pankreasschwäche
- mildes Bittermittel
- stoffwechselbedingte Hauterkrankungen, Ekzeme

Tagesdosis: 5 g Wurzel oder Blätter

Darreichung:

- Blätter, Wurzel oder Pulver zum Einfügen in Futter, Latwergen, Pillen, Salz
- Tee
- Frischpflanze
- Ergänzungsfuttermittel

Nebenwirkungen: selten Allergie, Gallensteine
Kontraindikation: keine bekannt

Thymian

Wegwarte

WEIDE

Name: *Salix alba* (Silberweide) und *Salix purpurea* (Purpurweide)
Familie: Weidengewächse, Saliaceae
Verwendete Pflanzenteile: Rinde
Inhaltsstoffe: Salicylalate, Gerbstoffe, Flavonoide, Kaffeesäure

Wirkungen:
- „pflanzliches Aspirin“ (auch fiebersenkend)
- entzündungshemmend
- schmerzlindernd, adstringierend (zusammenziehend)
- antirheumatisch

Anwendungen:
- fieberhafte Erkrankungen
- Schmerzlinderung bei Gelenksarthrose oder rheumatischen Beschwerden
- Schmerzen durch innerliche Entzündungen, etwa Durchfälle, Magen-Darm-Beschwerden
- äußerlich bei schlecht heilenden Wunden

Tagesdosis: 8–16 g Rinde/100 kg Körpergewicht

Darreichung:
- Rinde oder Pulver zum Einfügen in Futter, Latwergen, Pillen, Salz
- Tee (Infus und Dekokt)
- Tinktur (tropfenweise auf Brot oder ins Wasser)
- Ergänzungsfuttermittel

Nebenwirkungen: Langzeitverabreichung kann Hautreaktionen auslösen
Kontraindikation: Salicylsäureüberempfindlichkeit

HINWEIS

Weidenrinde wird erst im Darm in die aktive Form umgewandelt (Pro-Drug). Dadurch wirkt sie nicht blutverdünnend und verursacht keine Magengeschwüre. Wirkungseintritt erst nach 1–4 Wochen erkennbar.

WEISSDORN

Name: *Crataegus monogyna* (Eingriffeliger Weißdorn) und *Crataegus laevigata* (Zweigriffeliger Weißdorn)
Familie: Rosengewächse, Rosaceae
Verwendete Pflanzenteile: Blätter, Blüten, Früchte
Inhaltsstoffe Blätter und Blüten: Blüten-Flavonoide, Phenolcarbonsäuren, Gerbstoffe
Inhaltsstoffe Früchte: Procyanidingehalt, Vitamin C, Flavonoide

Wirkungen:

- Herz und Kreislauf stärkend – stärkt die Herzleistung, macht den Herzschlag effektiver und rhythmischer, stabilisiert den Blutdruck
- erhöht Sauerstofftoleranz und Sauerstoffversorgung des Herzens
- steigert das Wohlbefinden
- schützt bei Langzeiteinnahme vor Arteriosklerose

Anwendungen:

- leichte funktionelle Herzbeschwerden, leichte Herzinsuffizienz, Altersherz
- nach schweren Infektionskrankheiten
- leichte Herzrhythmusstörungen, pflegt die Blutgefäße (dichtet die Gefäßwände ab)

Tagesdosis: 3–5 g Blätter und Blüten

Darreichung:

- Blätter und Blüten oder Pulver zum Einfügen in Futter, Latwergen, Pillen, Salz
- Tee, bei Nervosität gut zu kombinieren mit Baldrian, Melisse, Hopfen
- Fertigpräparate: Crataegus ad usum vet 663/22 mg/ml

Nebenwirkungen: keine bekannt, bestens verträglich
Kontraindikation: keine bekannt

HINWEIS

Mindestens 6 Wochen. Für alte Tiere ist eher eine Langzeittherapie geeignet, da eine deutlich wahrnehmbare Wirksamkeit erst nach 5–6 Wochen eintritt.

WEISSKOHL

Name: *Brassica oleracea*
Familie: Kreuzblütler, Brassicaceae
Verwendete Pflanzenteile: Kohlblätter
Inhaltsstoffe: „Anti-Ulkus-Faktor", Senfölglykoside, Flavonoide, Mineralien, Spurenelemente

Wirkungen:
- entzündungshemmend, schmerzlindernd, kühlend, beruhigend
- fördert Gewebsdurchblutung und Gewebestoffwechsel
- lymphabflussfördernd, abschwellend
- wundreinigend, wundheilungsfördernd

Anwendungen:
- akute Entzündungen, geschwollene Gelenke
- geschwollenes, entzündetes Euter
- schlecht heilende, unsaubere, infizierte Wunden, Klauengeschwüre
- Druckstellen, Abszesse, Verbrennungen, Lymphstau
- Quetschungen, Insektenstiche
- Gicht, Arthritis

Tagesdosis: Auflage 1 bis maximal 2 × täglich

Darreichung:
- äußerliche Auflage

Nebenwirkungen: Erstverschlimmerung, wie übelriechendes Wundsekret, Reizung der Wunde oder Schmerzen möglich (zeigt Beginn der Heilung), besser nach zweiter bis dritter Anwendung
Kontraindikation: nicht auf frische Wunde oder akute Entzündung auflegen

HINWEIS

Auf intakter Haut: 1–2 Stunden, gegebenenfalls über Nacht, nach Abnehmen die Auflagestelle mit warmem Wasser reinigen. Offene Wunden: ½–2 Stunden, Wunde anschließend mit Ringerlösung spülen.

WERMUT

Name: *Artemisia absinthium*
Familie: Korbblütler, Astaraceae
Verwendete Pflanzenteile: Blätter
Inhaltsstoffe: ätherisches Öl (Thujon), Bitterstoffe, Flavonoide, Ascorbinsäure

Wirkungen:
- steigert Fresslust, gallenflussfördernd, verdauungsfördernd, blähungswidrig
- tonisierend auf Magen und Gallenblase
- anregend auf Pansen und Wiederkäutätigkeit
- keimhemmend gegen Bakterien
- entzündungshemmend, krampflösend
- abwehr- und resistenzstärkend
- in höheren Mengen anregend und tonisierend auf das zentrale Nervensystem

Anwendungen:
- Fressunlust, Verdauungsschwäche
- Säftemangel (Pansen-, Gallen- und Bauchspeicheldrüsensäfte)
- Magenschwäche, Magensäuremangel
- Parasitenbefall

Tagesdosis: 2–3 g Kraut, Gabe über den Tag verteilt

Darreichung:
- Blatt oder Pulver zum Einfügen in Futter, Latwergen, Pillen, Salz
- Tee und Tinktur
- Fertigpräparate: Stullmisan vet Pulver (Magen-Darm-Probleme, Durchfall, Appetitlosigkeit und Milchmangel)
- Ergänzungsfuttermittel

Kontraindikation: Magen-Darm-Ulcus, Trächtigkeit, solange Jungtier gesäugt wird
Nebenwirkungen: keine bekannt

ZAUBERNUSS

Name: *Hamamelis virginiana*
Familie: Zaubernussgewächse, Hamameliaceae
Verwendete Pflanzenteile: Blätter, Rinde
Inhaltsstoffe: Gerbstoffe, Flavonoide, ätherische Öle, Proanthozyanidine

Wirkungen:

- zusammenziehend, gewebsverdichtend
- wundheilungsfördernd, entzündungshemmend (cortisonähnlich)
- juckreizlindernd, mild schmerzstillend
- örtlich blutstillend, venentonisierend
- sekretionshemmend
- keimhemend: antibakteriell, antimikrobiell

Anwendungen:

- akute, unspezifische Durchfallerkrankungen
- akute und chronische Haut- und Schleimhautentzündungen, Ekzeme
- oberflächliche, nässende, leicht blutende Hautverletzungen, Juckreiz
- Verstauchungen, Prellungen, Zerrungen, Blutungen
- Entzündungen im Genitalbereich, Analfissuren, Furunkel in Analbereich
- Abszesse, Verletzungen, Druckstellen, Gesäugeverletzung und -entzündung

Tagesdosis: 3–4 g Blätter und Rinde/100 kg Körpergewicht

Darreichung:

- Tee: Infus (innerlich), Dekokt (Auflage, Bäder, Spülung)
- Tinktur
- Zäpfchen
- Fertigpräparate: PhlogAsept, Hamamelisrindenfluidextrakt (H-035) im DAC, Pflegeprodukte

Nebenwirkungen: bei Überdosierung trockene Ekzeme, Haut- oder Schleimhautschäden
Kontraindikation: keine bekannt

Beschwerdeübersicht nach Organsystemen – Heilpflanzen und Rezepturen

TIERGESUNDHEIT

Ziege in schlechtem Allgemeinzustand

TIERE KÖNNEN UNS nicht mitteilen, wenn Beschwerden oder Krankheiten sie plagen, und auch nicht, wo sie Schmerzen haben. Um herauszufinden, was ihnen fehlt, müssen wir sie genau beobachten. Denn es gibt unverkennbare Zeichen, die uns Hinweise auf Art und Ort der Beschwerden geben. Anhaltspunkte finden wir in ihrem Verhalten oder in Körperfunktionen wie Atmung, Ausscheidung und Körpertemperatur. Direkte Kennzeichen sind oft Veränderungen der Sinnesorgane. Die nachfolgende Tabelle fasst einige der wichtigsten Merkmale zusammen.

UNTERSCHEIDUNG VON GESUNDEN UND KRANKEN TIEREN

	Gesunde Tiere	Kranke Tiere
Ohren	bewegt, aufmerksam	kaum bewegt
Augen	glänzend, klar	stumpf, matt
Nase	trocken, kühl	warm, trocken
Puls	Schaf/Ziege 70–90 Schläge/min Lamm/Kitz 120 Schläge/min	außerhalb der Norm
Atmung	Schaf/Ziege 15–30 Atemzüge/Minute Lamm/Kitz 20–40 Atemzüge/Minute	außerhalb der Norm
Temperatur	38,2–39,5 °C	außerhalb der Norm
Appetit/	normaler Appetit, unauffälliger Allgemeinzustand	kein Appetit, Futterverweigerung
Allgemeinzustand		lethargisch oder unruhig, aggressiv
Beschaffenheit Kot/ Urin	unauffällig	unregelmäßig Konsistenz zu trocken oder weich
Schmerzen	normales Verhalten	hochgezogener Rücken Zähneknirschen lange Liegezeiten
Wolle/Fell/Klauen	unauffällig	struppiges Fell spröde, rissige Klauen
Stoffwechselstörungen durch Fütterungsfehler	unauffällig	Ziegen: Ketose während der Hochphase des Säugens ihrer Kitze (die ersten 3 Monate) Ziegen und Schafe: Trächtigkeitsvergiftung in den letzten 3 Monaten vor der Geburt

HEILPFLANZEN FÜR DEN VERDAUUNGSTRAKT

DER MAGEN-DARM-TRAKT ist Teil des Verdauungstrakts und dient hauptsächlich der Nährstoffaufnahme. Heilpflanzen enthalten neben Nährstoffen auch sekundäre Inhaltsstoffe, die über den Darm ihre stärkende, lindernde Wirkung in den Organismus bringen. Wie schon Hippokrates wusste: „Eine schlechte Verdauung ist die Wurzel allen Übels." Da ist es gut, dass auch Ziegen und Schafe intuitiv die richtigen Kräuter fressen, um ihre Gesundheit zu fördern.

Der Verdauungstrakt der Ziegen und Schafe beginnt wie bei allen Wiederkäuern im Maul und mündet über die Speiseröhre in die drei Vormägen Pansen, Netz- und Blättermagen. Diese schließen die schwer verdauliche Zellulose aus rohfaserreichem Futter wie Gras und Heu auf, das von dort mehrfach hochgewürgt und wiedergekäut wird.

Anschließend gelangt der Nahrungsbrei in den vierten Magen, den Labmagen, dessen Schleimhaut mit einer schützenden Schleimschicht ausgekleidet ist. Dieser Schutz ist unentbehrlich, da der Labmagen Verdauungsenzyme und Salzsäure produziert, die ohne die Schleimschicht die Labmagenwand angreifen und gleich mitverdauen würden.

Futter und Heilpflanzen zugleich: viele Kräuter helfen bei Verdauungsbeschwerden.

Die Leber produziert den Gallensaft, während die Bauchspeicheldrüse weitere Verdauungsenzyme absondert und zusammen mit der Galle in den Darm ausscheidet. Über den Dünndarm werden Nährstoffe, Vitamine, Mineralstoffe und Wasser ins Blut aufgenommen. Den längsten Darm haben die Pflanzenfresser. Bei Schafen ist er 24-mal so lang wie ihr Körper und von unzähligen Mikroorganismen (dem Darmflora-Mikrobiom) besiedelt. Wie bei uns Menschen kommt das Mikrobiom hauptsächlich im Dickdarm vor. Es spielt nicht nur für die Verdauung und die Darmmotorik eine Rolle, sondern ist zudem für die Energiegewinnung und die Energieversorgung der Darmschleimhaut und ihrer Darmbakterien zuständig. Auch ein Teil des Immunsystems (Antikörperbildung) der Wiederkäuer sitzt im Darm. Daher ist es auch für Ihre Ziegen und Schafe wichtig, den Magen-Darm-Trakt gesund zu erhalten.

Wann können Sie Heilkräuter im Verdauungstrakt einsetzen?

- → Verdauungsstörungen, wie Appetitlosigkeit, Magenschmerzen, Magenkrämpfe, Koliken, aber auch leichte oder futterbedingte Durchfälle und Verstopfung
- → Vorbeugung von Magen-Darm-Erkrankungen (etwa durch Absetzen der Muttermilch, Futterumstellung, Ortswechsel, Stress)
- → schwaches Immunsystem
- → chronische Magen-Darm-Erkrankungen
- → Nebenwirkungen nach Antibiotikagabe oder Entwurmung
- → begleitend bei schweren bakteriellen Infektionen

Wie wirken Heilkräuter auf den Verdauungstrakt?

- → Steigern Produktion und Ausschüttung von Verdauungssäften
- → Regen die Darmaktivität und Durchmischung des Nahrungsbreis an
- → Pflegen die Darmschleimhaut
- → Stärken die Darmwand (Barrierefunktion des Darms) und ihr Mikrobiom
- → entzündungshemmend, krampflösend
- → entblähend, stopfend, abführend

EIN GESUNDER MAGEN-DARM-TRAKT SORGT FÜR EIN GESUNDES IMMUNSYSTEM

„Was bitter dem Mund, ist dem Magen gesund.“ Dieses alte Sprichwort gilt nicht nur für uns Menschen. Auch bei Ziegen und Schafen sind ein gesunder Magen und Darm die Basis für das Wohlergehen. Dieses gilt es zu pflegen und zu stärken. Besonders helfen dabei die bitteren Kräuter, die die Produktion und Ausschüttung der Verdauungssäfte (Speichel, Magen, Galle und Bauchspeicheldrüse) anregen und so die Aufnahme der Nährstoffe aus dem Darm fördern.

Tiere wissen instinktiv, wann ihnen welche Kräuter guttun. So fressen Schafe die Schafgarbe meist nur dann, wenn sie von Koliken und Aufgasen geplagt werden und durch die Bitterstoffe und die krampflösenden ätherischen Öle der Pflanze Linderung erfahren. Dadurch bekam die Schafgarbe ihren Namen, der wörtlich übersetzt „Schaf-Gesundmacher" bedeutet.

Bitterstoffe regen aber nicht nur Appetit und Verdauung an, sondern steigern auch die Immunabwehr der Tiere. Sie kräftigen und stärken Herz und Kreislauf sowie den gesamten Stoffwechsel. Außerdem haben sie wärmende Wirkung und stimulieren bei Erschöpfung und Antriebslosigkeit.

Die Pflanzen können Sie frisch oder getrocknet, als Pulver, Salz, Tee, Tinktur oder Bissen verabreichen. Bereiten Sie sie aber nicht mit kochendem Wasser zu, da Bitterstoffe durch die Hitze zerstört werden.

VERDAUUNGSSTÖRUNGEN IM MAGEN-DARM-TRAKT

Häufigste Ursachen für Magen-Darm-Probleme sind Futterfehler. Das kann von Futtermängeln, wie Schimmel, verdorbenem oder verseuchtem Futter oder Wasser, von der falschen Temperatur oder Menge des Futters sowie von unpassenden Fütterungsabständen und Ähnlichem abhängen. Auch schlechte Stallhygiene oder eine zu beengte Tierhaltung können die Ausbreitung von Parasiten und ihre vermehrte Aufnahme bewirken.

Haben die Tiere Stress durch eine neue Umgebung oder Herde, durch nicht artgerechte Haltung oder falsches Futter, kann außerdem das Immunsystem der Ziegen und Schafe geschwächt werden. Ebenso können schmerzhafte Eingriffe, wie das Enthornen, ein Umstallen oder längere Transporte, das Tier stressen und dann zu Magengeschwüren führen.

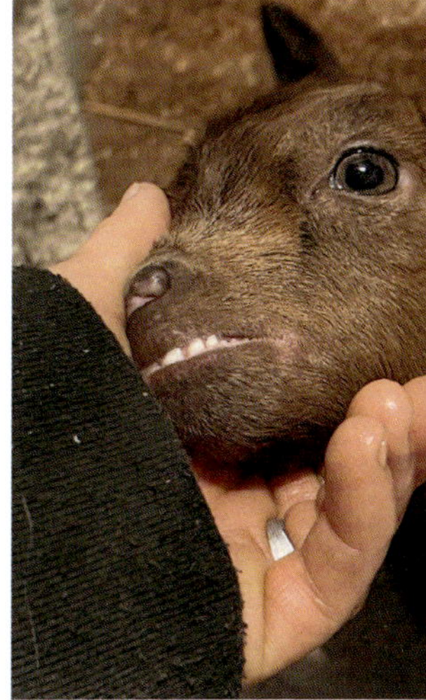

Knirschen Ziegen mit den Zähnen, heißt das häufig: „Ich habe Schmerzen."

Bei akuten Verdauungsbeschwerden (Zeitraum von 2–3 Wochen), können wir Symptome, wie Fressunlust, fehlendes Wiederkäuen, ein gespannter Pansen oder ein gewölbter Rücken beobachten. Häufig zeigen sich auch eine verlangsamte Pansentätigkeit, klebrig weicher Kot sowie leichter Durchfall oder Verstopfung. Die Tiere leiden gegebenenfalls unter (Bauch-) Schmerzen, was sie durch Zähneknirschen, gekrümmten Rücken, Stampfen und Unruhe ausdrücken.

Dauern Beschwerden mehr als sechs Wochen an, nennt man sie chronisch. Hier gesellt sich zu Fressunlust oder fehlenden Pansengeräuschen Teilnahmslosigkeit und Apathie hinzu. Die Tiere sondern sich von der Herde ab und haben ein stumpfes, struppiges Fell und kalte Ohren. Der Kot hat außerdem oft eine unübliche Konsistenz oder Farbe und die Tiere verlieren an Gewicht. Doch welche Heilpflanze ist bei welcher Beschwerdeart die richtige? In der Tabelle auf Seite 92 sind einige wichtige Kräuter zusammengefasst.

Leinsamen eignen sich hervorragend zur Schleimhautpflege.

HEILPFLANZEN BEI VERDAUUNGSBESCHWERDEN

Akute Verdauungsbeschwerden (2–3 Wochen)	Chronische Verdauungs-beschwerden (länger als 6 Wochen)
Krämpfe/Koliken Gänsefingerkraut Pfefferminze Kamille	**Verdauungsstörungen (etwa Fressunlust)** Wermut, Schafgarbe, Salbei (Bitterstoffe) Kümmel, Fenchel, Anis (ätherische Öle) Kamille, Gänsefingerkraut, Schafgarbe (krampflösende Kräuter) Kamille, Ringelblume, Süßholz, Schafgarbe (entzündungshemmende Kräuter)
Aufgasen Kümmel, Fenchel, Anis Koriander Schafgarbe	**Magenschleimhautentzündung** Kamille, Ringelblume Süßholz Leinsamen, Malve

BEWÄHRTE REZEPTE FÜR SCHLEIMHAUTSCHUTZ UND SCHLEIMHAUTPFLEGE

Gereizte, trocken oder entzündete Schleimhaut kann durch vielfältige Pflanzenstoffe gepflegt und geheilt werden. Schleimhaltige Heilpflanzen (Leinsamen, Malve), entzündungshemmende Flavonoide (Ringelblume, Kamille), ätherisch-ölhaltige Pflanzen (Kamille, Schafgarbe) beruhigen die Schleimhaut und lindern die Beschwerden.

LEINSAMENSCHLEIM ZUR SCHLEIMHAUTPFLEGE

- 3 EL Leinsamen
- 300 ml kaltes Wasser

Geben Sie die Leinsamen in ein Glas kaltes Wasser, 30–60 Minuten quellen lassen, gelegentlich umrühren und abgießen. Das schleimige Leinsamenwasser kalt oder lauwarm als Tränke anbieten oder 20-ml-weise Ihrem Tier verabreichen.

TEE BEI SCHLEIMHAUTENTZÜNDUNG

- 15 g Brombeer- oder Himbeerblätter
- 15 g Ringelblumenblüten
- 15 g Kamillenblüten
- 20 g Mädesüßblüten
- 15 g Schafgarbenblüten und -blätter
- 10 g Malvenblüten
- 10 g Fenchelsamen

Übergießen Sie 1 EL der Mischung mit 250 ml kochendem Wasser. Den Tee 10 Minuten zugedeckt ziehen lassen und lauwarm verabreichen.

TEE BEI SCHLEIMHAUTREIZUNG

- 25 g Eichenrinde
- 25 g Kamillenblüten
- 25 g Ringelblumenblüten
- 25 g Melissenblätter
- 10 g Malvenblüten

1 EL der Mischung mit 250 ml heißem Wasser übergießen. Lassen Sie den Tee zugedeckt 10 Minuten ziehen. Dann abkühlen lassen und dem Tier im Trinkwasser oder direkt verabreichen.

TEE BEI MAGENKRÄMPFEN UND SCHLEIMHAUTENTZÜNDUNG

- 30 g Gänsefingerkraut
- 20 g Kamillenblüten
- 10 g Ringelblumenblüten
- 20 g Schafgarbenblüten
- 10 g Fenchelsamen anstoßen
- 5 g Ingwerwurzel

Zubereitung wie bei vorigem Rezept.

TEE BEI MAGENKRÄMPFEN MIT GASBILDUNG

- 20 g Gänsefingerkraut
- 20 g Pfefferminzblätter
- 20 g Kamillenblüten
- 15 g angestoßene Kümmelsamen

Zubereitung wie bei vorigem Rezept.

BEWÄHRTE REZEPTE BEI APPETITLOSIGKEIT UND VERDAUUNGSSCHWÄCHE

Bei Appetitlosigkeit, Verdauungsschwäche, allgemeiner Schwäche oder nach längeren Erkrankungen der Ziegen und Schafe sind vor allem Bitterstoffgaben das Mittel der Wahl. Sie wirken stimulierend auf den Organismus, regen die Verdauungssäfte an und damit den Appetit und wecken die Lebensgeister.

Stärkstes Bittermittel ist der Gelbe Enzian, der unter Naturschutz steht. Es folgen Mariendistel und Artischocke sowie die nur leicht bitteren Kräuter Beifuß, Löwenzahn und Wegwarte. Besser toleriert werden häufig die aromatischen Bittermittel, wie Wermut, Schafgarbe oder Salbei. Ingwer und Kalmus haben durch ihre Scharfstoffe unter anderem eine intensiv stärkende Wirkung.

VERDAUUNGSPULVER

- 250 g klein geschnittene Enzianwurzel
- 100 g Löwenzahnwurzel und -blätter
- 100 g angestoßene Kümmelsamen
- 250 g Kochsalz

Vermischen und pulverisieren Sie alles und geben 1 TL der Mischung pro Ziege oder Schaf und ½ TL pro Lamm auf jedes Futter oder füttern Sie das Pulver aus der Hand.

LATWERGE BEI APPETITLOSIGKEIT UND VERDAUUNGSSCHWÄCHE

- 20 g Angelikawurzel
- 20 g Enzianwurzel
- 20 g Beifußkraut
- 10 g Wermutblätter
- 40 g Kochsalz
- Roggenmehl

Die getrockneten Kräuter pulverisieren oder frische Kräuter klein schneiden und mit dem Kochsalz im Mörser zerstoßen. Rühren Sie die Mischung mit Roggenmehl und Wasser zu einem glatten Brei. 2-mal täglich 1 Spatel voll eingeben.

TIPP

Als Appetithappen formen Sie einen EL des Breis zu einer Kugel (siehe Seite 22 und 35), wälzen diese in Mariendistelsamen und lassen sie an einem warmen Ort durchtrocknen. Luftdicht verschlossen aufbewahren und bei Bedarf oder als Leckerchen verfüttern.

KRÄUTERSALZ BEI APPETITLOSIGKEIT

- 1 Handvoll frische Wermutblätter
- 1 Handvoll Schafgarbe
- 2 Zweige Thymiankraut
- 3 EL Brennnesselsamen
- 5 EL Kochsalz

Frische oder getrocknete Kräuter zerkleinern, unter das Kochsalz mischen und mit dem Mörser anstoßen. Geben Sie Ihren ausgewachsenen Tieren davon 1–2 EL auf das Futter.

WERMUT ALS HAUSMITTEL BEI APPETITLOSIGKEIT

- 1 Handvoll frisches, gequetschtes Wermutkraut
- 1 EL Kochsalz

Dies als Lecke anbieten.

HINWEIS

Nicht für säugende Lämmer geeignet.

Der bittere Wermut steigert die Fresslust und bringt die Verdauung in Schwung.

BEWÄHRTE REZEPTE BEI DARMTRÄGHEIT UND VERSTOPFUNG

Bei festem Kot oder Verstopfung prüfen Sie zuerst, ob die Tiere genug Trinkwasser aufnehmen. Liegen die Beschwerden nicht an Wassermangel, können Sie einen trägen Darm häufig gut mit Bitterstoffen wieder in Schwung bringen. Denn Bitterstoffe regen Produktion und Ausschüttung der Verdauungssäfte an und fördern somit die Verdauung. Die Kombination mit abführenden Salzen, wie Glaubersalz, kann die abführende Wirkung noch verstärken.

VERDAUUNGSFÖRDERNDES VIEHSALZ

- 100 g Schafgarbenblüten, frisch zerstoßen
- 100 g Beifußkraut
- 50 g Brennnesselblätter und -samen
- 100 g Fenchel- oder Kümmelsamen, angestoßen
- 250 g Glaubersalz (Natriumsulfat)

Die frischen oder getrockneten Kräuter zerkleinern und mit dem Glaubersalz im Mörser zerstoßen. Geben Sie 1 TL der Mischung pro Ziege oder Schaf und ½ TL pro Lamm auf das Futter oder füttern Sie das Salz aus der Hand.

BITTERELIXIER BEI VERDAUUNGSSCHWÄCHE

- 1 EL getrocknete Enzianwurzel
- 1 EL frische Löwenzahnwurzel oder Löwenzahnblätter
- 1 EL frische Salbeiblätter
- 1 EL frische Gierschblätter
- 2 EL frische Schafgarbenblüten
- 2 EL frische Pfefferminzblätter
- ¼ TL getrocknete Angelikawurzel

Kräuter klein schneiden und locker in ein Schraubglas füllen. Mit 40%igem Wodka übergießen und an einem hellen, warmen Platz (nicht sonnig) verschlossen stehen lassen. Nach 3 Wochen können Sie das Elixier abseihen und in braune Tropfenfläschchen füllen. Verabreichen Sie 2–3-mal täglich 15 Tropfen.

FETTE ÖLE ZUR UNTERSTÜTZUNG DER VERDAUUNG

Auch pflanzliche fette Öle (Speiseöle wie zum Beispiel Leinöl) erhöhen die Gleitfähigkeit des Darminhalts und wirken abführend.

- 5 g frisch gequetschte Kümmelsamen
- 50–100 ml Leinöl

Kümmelsamen in das Leinöl geben und zusammen verabreichen. Bieten Sie dazu ausreichend Flüssigkeit an.

Pflanzenteile, die im Darm aufquellen (Füll- und Quellstoffe, etwa Leinsamen und Flohsamen), werden ebenfalls erfolgreich bei träger und unregelmäßiger Verdauung eingesetzt. Allerdings ist auch dabei wichtig, dass Sie Ihrem Tier genügend Flüssigkeit verabreichen. Die Samen binden das Wasser im Darm und quellen auf, wodurch sie einen Dehnungsreiz auf die Darmwand ausüben. Dadurch wird die Darmperistaltik angeregt und der Darminhalt weitergeschoben. Durch das Aufquellen der Samen im Darm werden die unter der Schale sitzenden Schleimstoffe frei und legen sich auf die Darmwand, wo sie wie ein Gleitmittel wirken und den Darminhalt leicht weitergleiten lassen. Außerdem wirken die Quellmittel günstig auf die Darmflora.

VERDAUUNGSFÖRDERNDE LATWERGE BEI VERSTOPFUNGSNEIGUNG

- 20 g Angelikawurzel
- 20 g Enzianwurzel
- 20 g Leinsamen
- 15 g Pfefferminzblätter
- 20 g Schafgarbenblüten
- 1 Handvoll Mariendistelsamen (zum Panieren)
- 20 g Kochsalz
- Roggenmehl

Die getrockneten Kräuter pulverisieren oder frische Kräuter klein schneiden und mit dem Kochsalz im Mörser zerstoßen. Vermischen Sie dies mit Roggenmehl und Wasser zu einem glatten Brei. 1 EL des Breis zu einer Kugel formen, in Mariendistel- und Leinsamen wälzen und an einem warmen Ort durchtrocknen lassen. Luftdicht verschlossen aufbewahren und bei Bedarf oder als Leckerchen verfüttern.

HINWEIS

Starke Abführmittel wie Rizinusöl, Paraffinöl oder Aloe (Tierarzt, Apotheke) sollten nur einmalig in akuten Fällen eingesetzt werden, denn sie haben Nebenwirkungen, wie etwa Elektrolytverlust, und können bei Trächtigkeit Wehen auslösen. Sorgen Sie bitte immer dafür, dass die Tiere ausreichend Flüssigkeit aufnehmen.

Als mineralreiche gesunde Wildpflanze hilft der Giersch auch Ziegen bei Verdauungsstörungen

BEWÄHRTE REZEPTE BEI AUFGASEN UND KOLIKEN

Die Vormägen der Tiere vertragen keine leicht verdaulichen Kohlenhydrate oder eiweißreiches Futter und können bei zu hohem Getreideanteil im Kraftfutter mit einer Pansenübersäuerung reagieren. Dies führt dann häufig zu Schaumbildung, die den Austritt der Pansengase erschwert. So kann es schnell zu lebensbedrohlichen Situationen kommen.

Was sind die Ursachen von Aufgasen und Koliken?

- → zu viel junges, kleereiches Futter
- → zu hastig gefressenes Futter
- → Frostnächte, zu warm gelagertes Futter
- → Futterumstellung
- → Allergien, Aufgasen
- → Verlegung der Speiseröhre durch Fremdkörper

Wie können Sie lebensbedrohliche Koliken erkennen?

- → fehlendes Wiederkäuen und Rülpsen
- → aufgeblähter Pansen (besonders links), starkes Aufwölben der Hungergrube
- → Tiere stehen starr und bewegungslos
- → häufig eine schnellere Atmung

Die Entblähungsklassiker wirken auch bei Ziegen: Fenchel (oben), Anis (rechts) und Kümmel (unten).

Was können Sie gegen Aufgasen und Koliken unternehmen?

- → den Tieren das Futter entziehen
- → bei beginnendem Aufgasen bittere Kräutertinktur verabreichen (regt die Speichelproduktion an, alkalisiert und puffert im Pansen die Säure ab)
- → das Tier vorne erhöht stellen und versuchen, seine Kautätigkeit anzuregen
- → entblähende und krampflösende Heilpflanzen wie Kümmel, Fenchel und Anis sowie Schafgarbe, Pfefferminze und Kamille anbieten (als Samen, Pulver, Tee, Tinktur)

Bei starkem Aufgasen helfen die aromatischen, entblähenden „Klassiker", wie Kümmel, Fenchel und Anis, sowie die verdauungsfördernden und entkrampfen Teekräuter (siehe folgende Tabelle). Auch die Gruppe der Bitter- und Scharfstoffe hat durch ihre verdauungsfördernde Wirkung entblähende Wirkung. Tees, Kräutersalze und Latwergen können Sie bei zu Aufgasen neigenden Tieren prophylaktisch einsetzen. Stärker wirken Gewürzöle und alkoholische Auszüge und Elixiere.

WICHTIG!

Bei akuten Koliken immer den **Tierarzt** hinzurufen. Hier sind Heilpflanzen in der Anfangsphase oder bei leichten Formen hilfreich, doch kann die Situation leicht zum lebensbedrohlichen Notfall werden.

HEILPFLANZEN GEGEN AUFGASEN UND KOLIKEN

Reich an ätherischen Ölen		Reich an Bitter- und Scharfstoffen
entblähend	entkrampfend	verdauungssäfteanregend
Kümmel Fenchel Anis	Pfefferminze Schafgarbe Kamille Gänsefingerkraut (Gerbstoffpflanze)	Ingwer Wermut Beifuß Wegwarte

VIER-WINDE-TEE

- je 1 TL Kümmel-, Fenchel- und Anissamen
- 1 Scheibe frische Ingwerwurzel

Stoßen Sie die Samenmischung im Mörser an und geben Sie diese mit dem kleingeschnittenen Ingwer in eine Kanne. Mit 400 ml heißem Wasser übergießen und zugedeckt 10 Minuten ziehen lassen, Kondenswasser in den Tee zurückklopfen, abgießen und abkühlen lassen. Dem Tier lauwarm verabreichen oder als Trinkwasser anbieten.

ENTBLÄHENDER TEE

- 10 g Pfefferminzblätter
- 10 g Gänsefingerkraut
- 5 g Wermutkraut
- 1 Scheibe Ingwerwurzel
- 10 g Kümmelsamen

Die Samenmischung im Mörser anstoßen und mit dem klein geschnittenen Ingwer in eine Kanne geben. Übergießen Sie die Mischung mit 400 ml heißem Wasser und lassen Sie den Tee zugedeckt 10 Minuten ziehen, Kondenswasser in den Tee zurückklopfen und abgießen. Abkühlen lassen und dem Tier 150 ml davon lauwarm verabreichen oder immer wieder als Tränke anbieten.

BLÄHUNGSWIDRIGES KRÄUTERSALZ

- 1 TL Kümmelsamen
- 1 TL Fenchelsamen
- 1 TL Schafgarbenblüten
- 1 TL Kamillenblüten
- 2 EL Beifußsamen und -kraut (klein geschnitten)
- 250 g Kochsalz/Viehsalz

Die Samenmischung im Mörser anstoßen und mit den klein geschnittenen Kräutern in das Salz geben. Alles im Mörser pulverisieren. Verabreichen Sie Ihrem Tier 2-mal täglich 1 TL direkt oder mit dem Futter.

KRÄUTERSALZ BEI AUFGASEN

- 5 g Kümmelsamen
- 5 g Fenchelsamen
- 5 g Anissamen
- 5 g Schafgarbenblüten
- 30 g Glaubersalz (Natriumsulfat)

Die frischen oder getrockneten Kräuter zerkleinern und mit dem Glaubersalz im Mörser zerstoßen. Geben Sie 1 TL der Mischung pro Ziege oder Schaf und ½ TL pro Lamm oder Kitz auf das Futter oder füttern Sie das Salz aus der Hand.

LATWERGE BEI AUFGASEN

- je 5–10 g Anis-, Fenchel- und Kümmelsamen
- 5 TL Leinsamen
- etwas Roggenmehl
- Tee aus Kamillen- und Schafgarbenblüten

Die Samen im Mörser anstoßen und mit dem Roggenmehl vermischen. Den lauwarmen Kamillen-Schafgarben-Tee zu einem Teig verarbeiten (gegebenenfalls in Kugeln formen, siehe Seite 35) und über den Tag verteilt an das Tier verfüttern. Bereiten Sie Latwergen täglich frisch zu, da sie schnell verderben können.

GEWÜRZÖL GEGEN AUFGASEN, KRÄMPFE UND SCHAUMIGE GÄRUNG

- je 5 g Kümmel-, Fenchel- und Anissamen
- 100 ml Speiseöl

Die entblähenden Samen im Mörser zu feinem Pulver mahlen und mit dem Speiseöl gut vermischen. Dem Tier mit einer Flasche oder großen Spritze ins Maul verabreichen.

ENTBLÄHENDE TINKTUR

- 5 g Fenchelsamen
- 5 g Anissamen
- 5 g Kümmelsamen
- 5 g Pfefferminzblätter
- 200 ml Wodka

Zubereitung siehe Grundrezept auf Seite 32.

BITTERELIXIER

Ebenso können Sie Bitterelixiere verabreichen. Ein Rezept finden Sie im vorigen Abschnitt zu Verstopfung auf Seite 96.

ALTES WISSEN: BITTERER STROHSTRICK

Das Weiden auf Klee-, Luzerne-, Raps- und Senfäckern kann beim Schaf akut zu Tympanie (starker Pansenblähung) durch schaumige Gärung führen. Als Notmaßnahme findet man in alten Sachbüchern das Aufzäumen der Tiere beschrieben: Ein Strohseil oder Ähnliches wird beispielsweise mit Enziantinktur oder Terpentinöl getränkt, durch das Maul des Tiers geführt und hinter den Ohren verknotet. Die dadurch ausgelöste intensive Zungenbewegung und die reflektorisch angeregte vermehrte Sekretion der Speichel- und Verdauungsdrüsen unterstützen den Abgang von Gasen und tragen zur Normalisierung der Magen-Darm-Motilität bei. Zusätzlich wird empfohlen, das Tier mit den Vorderbeinen höher zu stellen und/oder mit gekreuzt übereinandergelegten Händen Druck auf die linke Flankengegend auszuüben. (Aus: Phytotherapie in der Tiermedizin, Cäcilia Brendieck-Worm, Matthias F. Melzig, Thieme Verlag)

BEWÄHRTE REZEPTE GEGEN DURCHFALL

Symptome wie Durchfall und Fressunlust können unter anderem durch Parasiten, Erreger oder verdorbenes Futter und Wasser verursacht werden. Normalerweise werden erwachsene Ziegen und Schafe selbst damit fertig.

Reagieren die Tiere auf die angebotenen Kräuter und deren Zubereitungen, ist das ein gutes Zeichen. Bestehen die Symptome jedoch weiter, sollten Sie zeitnah den Tierarzt hinzuziehen, da sie auch ein Hinweis auf schwere Erkrankungen sein können. Besonders bei Jungtieren können lang anhaltende Durchfälle lebensbedrohlichen Situationen nach sich ziehen, da Durchfall schnell zu großem Flüssigkeitsverlust und Kreislaufschwäche führen kann. Besonders wichtig ist hier die Versorgung mit genügend Flüssigkeit und Elektrolyten (siehe dazu den Kasten auf Seite 102).

WICHTIG!

Bei chronischen Durchfällen, Gewichtsverlust sowie Beimengungen von Schleim oder frischem Blut im Kot immer den Tierarzt hinzuziehen.

Wie wirken Heilkräuter bei Durchfall?

- → zusammenziehend (gerbend), abdichtend auf die Darmschleimhaut, sodass nicht mehr so viel Wasser über den Darm verloren geht
- → toxinbindend (im Darm)
- → entzündungshemmend
- → antimikrobiell (keimhemmend)
- → blutstillend

Welche Heilkräuter wirken bei Durchfall?

→ Gerbstoffpflanzen, wie Blutwurz (20 % Gerbstoffe), Eichenrinde, Brom- und Himbeerblätter, Salbeiblätter, Gänsefingerkraut und Schwarztee

→ wasserbindende pektinhaltige Heilpflanzen, wie getrocknete Heidelbeeren, Hagebutten oder Äpfel

→ Floh- und Leinsamen durch schleimhautpflegende Füll- und Quellstoffe

HEILPFLANZEN GEGEN DURCHFALL

Stopfend	Entzündungshemmend und wasserbindend	Krampflösend und adsorbierend	Füll- und Quellstoffe
Eiche*	Apfel**	Blutwurz	Leinsamen
Walnuss*	Hagebutte**	Gänsefingerkraut	Flohsamen
Buche*	Heidelbeere**	Schwarztee	Wegerichsamen
Linde*		Heidelbeere	
Brombeere		Eiche	
Himbeere		Salbei	

* fingerdicke Äste mit noch glänzender Rinde, ** getrocknet

ELEKTROLYTLÖSUNG FÜR WIEDERKÄUER

- 4 g pulverisiertes Kochsalz (Natriumchlorid)
- 20 g pulverisierter Traubenzucker (Glucosum monohydricum)
- 3 g pulverisiertes Natriumproprionat
- 3 g pulverisiertes Kaliumhydrogencarbonat
- 1 l Schwarztee

Zutaten gut vermischen und im Tee auflösen. 3–4-mal täglich dem Tier 10 ml Tee verabreichen. Die pulverisierte Zutaten erhalten Sie in Futtermittelhandel, Drogerie oder Apotheke, beim Tierarzt oder im Internet.

DURCHFALLDEKOKT

- 25 g Eichenrinde
- 15 g Salbeiblätter

Die Kräuter in kaltem Wasser ansetzen und aufkochen, 10 Minuten zugedeckt ziehen lassen, abseihen und dem Tier lauwarm im Trinkwasser oder direkt verabreichen. Bei akutem Durchfall können Sie 3-mal 10 ml Tee direkt verabreichen.

DURCHFALLTEE

- 40 g Blutwurzwurzeln
- 35 g Kamillenblüten
- 30 g Gänsefingerkraut

Blutwurzwurzeln im Mörser anstoßen und mit 350 ml Wasser circa 10 Minuten zugedeckt köcheln lassen. Geben Sie Kamillenblüten und Gänsefingerkraut dazu und lassen Sie den Tee weitere 10 Minuten zugedeckt ziehen. Bei starkem Durchfall gegebenenfalls mit Elektrolytpulver (Apotheke oder Tierarzt) versetzen.

TEE GEGEN DURCHFALL UND ÜBELKEIT

- je 1 Teil Schwarztee, Brombeerblätter und Schafgarbe
- je 2 Teile Pfefferminze und Gänsefingerkraut

Die Kräuter mit kochendem Wasser übergießen und 10 Minuten zugedeckt ziehen lassen. Verabreichen Sie Ihrem Tier den Tee lauwarm.

KRÄUTERSALZ BEI DURCHFALL

- 2 Teile Kamillenblüten
- 1 Teil Blutwurzwurzel
- 1 Teil Wermutkraut
- 2 Teile Schafgarbenblüten
- Kochsalz oder Viehsalz

Eine Handvoll Salz mit 1 EL der Mischung im Mörser anstoßen und dem Tier bei Bedarf anbieten. Alternativ können Sie die Kräuter mit heißem Wasser als Teeaufguss ansetzen und Ihrem Tier verabreichen (3-mal täglich 10 ml).

DURCHFALLSALZ

- 1 TL Gänsefingerkraut
- 1 TL Blutwurzwurzeln
- 1 TL Salbeiblätter
- 1 EL getrocknete Apfelringe
- 250 g Kochsalz oder Viehsalz

Die Zutaten vermischen und kleinmörsern oder pulverisieren und über das Futter geben. Alternativ können Sie die Mischung in Wasser oder Tee auflösen.

DURCHFALLHEMMENDE LECKEREI

- 1 EL getrocknete Äpfel
- 1 EL getrocknete Hagebutten
- 1 EL getrocknete Heidelbeeren
- 1 TL Brombeerblätter
- 1 EL Eichenrinde
- 1 TL Gänsefingerkraut
- 300 g Maronenmehl (Esskastanien)

Für diesen Bissen die Früchte und Kräuter klein schneiden, mit dem Maronenmehl mischen und mit Wasser zu einer Masse verkneten. Daraus formen Sie walnussgroße Kugeln. Bei akutem Durchfall 2–3 Kugeln täglich verfüttern.

DURCHFALLTINKTUR

- 5 g Eichenrinde
- 5 g Blutwurzwurzel
- 5 g Gänsefingerkraut
- 5 g Salbeiblätter
- 5 g Ringelblume
- 200 ml Wodka

Alle Kräuter klein schneiden und in ein Schraubglas mit Wodka geben. Das Pflanzenmaterial muss dabei mit Alkohol bedeckt sein. An einem warmen, hellen, nicht sonnigen Ort ausziehen lassen und täglich schütteln. Nach 3 Wochen die Tinktur durch ein feines Sieb abgießen und in ein braunes Tropfenfläschchen füllen.

Als Variation können Sie statt Ringelblume Kamillenblüten, Fenchelsamen oder Pfefferminzblätter hinzugeben. Zugabe von Maisschrot (Füll- und Quellmittel im Darm) hilft, den Darminhalt zu verfestigen.

LÄMMERDURCHFALL

Ziegenkitze und Lämmer sind besonders anfällig für Infekte durch Bakterien, Viren oder Parasiten. Ihre Darmflora muss sich erst aufbauen und mit neuen Reizen (Futtermittel, Keime etc.) umgehen lernen. Häufig kommen mehrere Durchfallursachen bei ihnen zusammen:

- zu wenig Biestmilchversorgung (daher zu wenig Antikörper im Blut)
- schwacher Saugreflex durch schwere Geburt oder zum Beispiel Selenmangel
- Hygienemangel unter der Geburt
- mangelnde Eingliederung in die Herde
- Schmerzen
- Fehler beim Tränken von Flaschenkindern (Menge, Zusammensetzung)

Der Verlust von Flüssigkeit und Elektrolyten kann zu gefährlicher Blutübersäuerung und bei einem Verlust von 12–13 % des Körpergewichts zum Tod des Jungtiers führen.

Erkennen können Sie Flüssigkeit- und Elektrolytmangel daran, dass die Haut, wenn Sie sie leicht hochziehen, als Falte stehen bleibt (Flüssigkeitsverlust von 6–8 % des Körpergewichts). Sind außerdem die Augäpfel eingesunken, beträgt der Flüssigkeitsverlust bereits 8–10 % des Körpergewichts.

In diesen Fällen müssen Sie unbedingt Flüssigkeit und Elektrolyte verabreichen. Bei Kitzen und Lämmern unter 6 Wochen darf die Elektrolytlösung erst nach der Milch verabreicht werden. Denn eine Vermischung von Milch und Tee behindert die Verdauung im Labmagen.

Elektrolytlösungen für Lämmer und Kitze können Sie beim Tierarzt beziehen und nach Anleitung verabreichen. Wollen Sie die Lösung selbst herstellen, können Sie das nachfolgende Rezept verwenden.

ELEKTROLYTLÖSUNG BEI LÄMMERDURCHFALL

- 10 g Eichenrinde
- 5 g Pfefferminzblätter
- 10 g Schafgarbenblüten
- 10 g Ringelblumenblüten
- 5 g Walnussblätter

2 TL der Mischung mit ¼ l kochendem Wasser übergießen, zugedeckt 10 Minuten ziehen lassen. Abkühlen lassen und lauwarm verabreichen.

HEILPFLANZEN ZUR STÄRKUNG DER ATEMWEGE

BESONDERS IM FRÜHJAHR UND HERBST sind Atemwegserkrankungen die häufigsten Beschwerden bei unseren Tieren. Überwiegend treten sie bei Jungtieren oder älteren Tieren auf, deren Immunsystem noch nicht vollständig aufgebaut ist oder in seiner Funktion schon wieder nachlässt.

Lämmer und Kitze sind anfangs durch das Kolostrum (erste Muttermilch) mit Abwehrstoffen der Mutter vor Infektionen geschützt. Im weiteren Verlauf müssen sie – wie wir Menschen – durch viele Infekte und Kinderkrankheiten ihr eigenes Abwehrsystem aufbauen.

Ursache von Atemwegserkrankungen ist häufig ein geschwächtes Immunsystem, bei dem durch Niesen und Husten meist Viren, seltener Bakterien oder Pilze durch Tröpfcheninfektion von Tier zu Tier übertragen werden. Hat das Tier eine gute Immunabwehr, erkrankt es nicht. Der Körper aktiviert dann seine Abwehrzellen, die die Erreger vor Ort (also auf der Schleimhaut) unschädlich machen.

Das Immunsystem der Tiere kann jedoch durch Stress geschwächt werden, etwa durch zu enge Ställe oder Weideflächen, den Konkurrenzkampf um Futter oder Schlafplätze, die frühe Trennung von der Mutter, Transporte oder Verletzungen.

Heilpflanzen helfen Ziegen und Schafen Infekte der Atemwege zu bekämpfen.

Für Lämmer kann eine Wärmelampe hilfreich sein.

Wie erkennen Sie Atemwegserkrankungen bei Ihren Tieren?

- → laufende Nase, Niesen, verklebte Nasenöffnungen
- → geschwollene, tränende, gerötete Augen (Bindehautentzündung) und Rachen
- → Futterverweigerung, Appetitlosigkeit
- → trockener Husten
- → verstärkte, rasselnde Atmung
- → leichtes bis mäßiges Fieber (> 39,5 °C)
- → schlechter Allgemeinzustand, Mattigkeit, Erschöpfung
- → Fressunlust

Wann können Sie Heilpflanzen zur Stärkung der Atemwege einsetzen?

- → bei Virusinfekten: Erkältungen und grippale Infekte mit wässrig-schleimigem Ausfluss aus Nase und Auge (Antibiotikagabe ist hier sinnlos!)
- → begleitend bei bakteriellen Infekten und allergischen Atemwegserkrankungen
- → vorbeugend gegen Atemwegsinfektionen bei schwachem Immunsystem
- → bei chronischen Atemwegs- und Nasennebenhöhleninfekten

Solange Ihr Tier frisst und trinkt und keine weiteren Beschwerden hat, helfen Heilpflanzenzubereitungen. Sie lindern die Beschwerden, töten oder hemmen Viren und Bakterien, lösen festsitzenden Schleim und regen die Aktivität der Flimmerhärchen in den Bronchien an, die das Abhusten des Schleims ermöglichen. Außerdem wirken sie beruhigend bei trockenem Husten und Hustenreiz, pflegen und befeuchten gereizte Schleimhäute und lindern dadurch Entzündungen der Atemwege. Eine Übersicht der gängigen Heilpflanzen und ihrer Wirkungen gibt die Tabelle auf der folgenden Seite.

HEILPFLANZEN UND IHRE WIRKUNGEN BEI ATEMWEGSERKRANKUNGEN

Immunstimulierend	Antibiotisch	Hustenreizlindernd
Purpurner Sonnenhut	Brunnenkresse	Thymian
Sanddorn	Kapuzinerkresse	Anis
Hagebutte	Thymian	Fenchel
Holunder	Propolis	Engelwurz
Linde		Dost
		Spitzwegerich

Auswurffördernd	Schleimhautpflegend
Efeu (Präparat)	Isländisch Moos
Schlüsselblume	Spitzwegerich
Königskerze	Königskerze
Gänseblümchen	Huflattich
Anis	Eibisch
Fenchel	Malve
Kiefer	Stockrose
Fichte	
Engelwurz	

Treten bei Ihrem Tier Erkältungssymptome auf, trennen Sie es am besten gleich räumlich von der Herde. Wenn möglich, belassen Sie es aber in Hör- oder Sehweite seiner Artgenossen, so kann es andere Tiere nicht anstecken, hat aber weniger Stress, weil es in der vertrauten Umgebung bleiben kann. Wichtig für erkrankte Ziegen und Schafe sind frische Luft sowie ein sauberer und durchzugsfreier Ruheplatz. In der kalten Jahreszeit oder wenn das Tier unterkühlt ist, wärmen Sie es mit Decke oder Wärmelampe in einem geschützten Raum. Achten Sie darauf, dass seine Nase frei ist, damit das Tier gut Luft bekommt. Die Nase können Sie gegebenenfalls mit lauwarmen Heilpflanzentees reinigen.

WICHTIG!

Beobachten Sie Ihr Tier aufmerksam. Verschlechtert sich der Gesundheitszustand, etwa durch plötzliches hohes Fieber (40–41 °C), mühsame und beschleunigte Atmung oder starken Husten, besteht die Gefahr einer Lungenentzündung. Hier muss dringend der Tierarzt hinzugezogen werden. Besonderes Augenmerk sollten Sie auf junge und altersschwache Tiere haben, deren Immunsystem noch nicht aufgebaut oder nicht mehr so stark ist.

BEWÄHRTE REZEPTE GEGEN ERKÄLTUNG

Bei beginnenden Erkältungen geht es zunächst darum, mithilfe von Kräutern das körpereigene Immunsystem anzuregen. Die Klassiker sind dabei Linden-, Holunder- und zusätzlich leicht schmerzlindernde Mädesüßblüten.

IMMUNSTÄRKENDER HEILPFLANZENTEE

- 50 g Holunderblüten
- 50 g Lindenblüten

1 EL der Mischung mit 150 ml kochendem Wasser übergießen und zugedeckt 15 Minuten ziehen lassen, dann abgießen. Verabreichen Sie mehrmals täglich 1 Tasse lauwarmen Tee.

Bei verstopfter Nase, festsitzendem Schnupfen und Husten benötigt der Körper viel warme Flüssigkeit, um all das „Verhärtete", Festsitzende zu lösen. Hier ist es wichtig, Ihren Tieren vor allem viel Flüssigkeit von innen (warme Tees, Wasser) und von außen in Form von Inhalationen anzubieten. Nur so kann sich der Schleim lösen und die Atemwege wieder freigeben.

INHALATION MIT AROMATISCHEN HEILPFLANZEN BEI SCHNUPFEN

- Thymiankraut
- Kamillenblüten
- Fenchelsamen
- Holunderblüten
- Engelwurzwurzel

Getrocknete Kräuter zu gleichen Teilen mischen. 1 Tasse der Mischung in einen Eimer geben und mit 2 l heißem Wasser übergießen. Mit dem frischen Aufguss 1–2-mal täglich inhalieren.

TEE ZUR REINIGUNG DER NÜSTERN MIT KEIMHEMMENDEN KRÄUTERN

Alternativ können Sie die Kräutermischung aus dem vorigen Rezept als Tee zur Reinigung verklebter Nüstern verwenden.

1 EL der Mischung mit 150 ml heißem Wasser übergießen, 10 Minuten bedeckt ziehen lassen, das Kondenswasser zurück in den Tee klopfen. Reinigen Sie mit der lauwarmen Teemischung mehrmals täglich die geröteten, entzündeten oder verklebten Nüstern samt Nasenumgebung. Bieten Sie außerdem den Tee als Tränke an.

Warme Dämpfe lösen den Schleim

TEE ZUR REINIGUNG DER NÜSTERN MIT HAUTPFLEGENDEN KRÄUTERN

- 30 g Pfefferminzblätter
- 20 g Fenchelsamen, angestoßen
- 20 g Kamillenblüten
- 30 g Ringelblumenblüten

Für Zubereitung und Anwendung verfahren Sie wie beim vorigen Rezept.

BEWÄHRTE REZEPTE GEGEN SCHLEIMHAUTENTZÜNDUNG IN MAUL, NÜSTERN UND RACHEN

Bei Atemwegserkrankungen sind immer auch die Schleimhäute angegriffen. Kühlende, beruhigende und pflegende Schleimstoffe können diese pflegen und die Schmerzen lindern.

SCHLEIMHAUTPFLEGENDER KALTAUSZUG

- 1 Tasse Leinsamen
- 2½ Tassen kaltes Wasser

Setzen Sie die Leinsamen mit dem kaltem Wasser an. Lassen Sie die Mischung 1–2 Stunden zugedeckt stehen, dann abseihen und dem Tier über den Tag verteilt teelöffelweise eingeben.

BLÜTENSCHLEIME

- Malvenblüten
- Spitzwegerichblätter
- Königskerzenblüten

Kräuter zu gleichen Teilen mischen. 2 EL der Mischung mit 150 ml kaltem Wasser übergießen und 1–2 Stunden zugedeckt ziehen lassen, gelegentlich umrühren, dann abseihen.

Ein Kaltauszug aus schleimhaltigen Blüten und Blättern pflegt die Schleimhäute.

BEWÄHRTE REZEPTE BEI ATEMWEGS-ERKRANKUNGEN MIT APATHIE, SCHWÄCHE UND FIEBER

Erhöhte Temperatur oder Fieber sind eine natürliche Reaktion des Körpers, um die eigene Immunantwort zu beschleunigen und Krankheitserreger schneller unschädlich zu machen. Anfangs sollten sie nicht sogleich unterdrückt werden. Bei Atemwegserkrankungen mit Symptomen, wie Fieber, Husten, Schwäche oder Teilnahmslosigkeit haben sich stärkende, keimhemmende, leicht schmerzlindernde und fiebersenkende Heilpflanzenanwendungen bewährt.

ERKÄLTUNGSTEE BEI APATHIE UND FIEBER

- 25 g Mädesüßblüten
- 20 g Weidenrinde
- 20 g Engelwurzwurzel
- 10 g Rosmarinblätter
- 15 g Thymiankraut
- 10 g Weißdornblätter und -blüten

1 EL der Mischung mit 150 ml kochendem Wasser übergießen und zugedeckt 15 Minuten ziehen lassen, dann abgießen. Bei erhöhter Temperatur und Schwäche verabreichen Sie mehrmals täglich 1 Tasse lauwarmen Tee.

ERKÄLTUNGSTEE MIT ABWEHRSTEIGERDEN KRÄUTERN

- 20 g Thymiankraut
- 20 g Hagebuttenfrüchte
- 20 g Weidenrinde
- 20 g Lindenblüten
- 20 g Weißdornblätter und -blüten

1 EL der Mischung mit 150 ml kochendem Wasser übergießen. Lassen Sie den Tee zugedeckt circa 10 Minuten ziehen. Mehrmals täglich 1 Tasse verabreichen.

ANTI-INFEKT-TINKTUR

- 2 EL frische Kapuzinerkresseblätter und -blüten
- 1 EL Thymiankraut
- 1 EL Engelwurzwurzeln
- 2 EL Salbeiblätter
- 1 EL Hagebuttenfrüchte
- 300 ml 40%iger Wodka

Kräuter zerkleinern, in ein großes Schraubglas geben und mit dem Wodka übergießen, sodass alle Pflanzenteile komplett mit Alkohol bedeckt sind. Für 3 Wochen an einem hellen, nicht sonnigen Ort stehen lassen. Dann können Sie die Tinktur abseihen und in dunkle Tropfenfläschchen umfüllen. 3-mal täglich 20 Tropfen mit etwas Tee verabreichen.

BEWÄHRTE REZEPTE GEGEN BRONCHITIS UND HUSTEN

Pflegende Teemischungen können hier Linderung bringen.

SCHLEIMHAUTPFLEGENDE TEEMISCHUNG BEI TROCKENEM HUSTEN

- Malvenblüten
- Königskerzenblüten
- Spitzwegerichblätter
- Thymianblätter
- Lindenblüten
- Anissamen

Kräuter zu gleichen Teilen mischen. 2 EL der Mischung mit 300 ml kaltem Wasser ansetzen, 40 Minuten bedeckt ziehen lassen. Rühren Sie gelegentlich um. Dann durch einen feinen Teefilter abgießen und mehrmals täglich circa 50 ml verabreichen oder anstelle von Wasser anbieten.

HUSTENREIZLINDERNDER SIRUP ODER VIEHSALZMISCHUNG

- 2 TL Thymianblätter
- 1 TL Eibischwurzel
- 2 TL Fenchelsamen, angestoßen
- 2 TL Anissamen, angestoßen
- 3 TL Holunderblüten
- 1 TL Süßholzwurzel

Zerkleinerte Kräuter in ein Schraubglas geben und mit 350 ml flüssigem Honig übergießen, sodass alle Kräuter bedeckt sind. An einem warmen, hellen Ort (nicht in der Sonne) für 2 Wochen ziehen lassen, dann leicht erwärmen und abseihen. Verabreichen Sie mehrmals täglich 1 EL. In akuten Fällen können Sie den Sirup auch direkt esslöffelweise mit den Kräutern verfüttern.

AUSWURFFÖRDERNDE TEEMISCHUNG

- 20 g Königskerzenblüten
- 10 g Thymiankraut
- 20 g Schlüsselblumenblüten
- 20 g Gänseblümchenkraut
- 15 g Süßholzwurzel
- 15 g Weißdornblätter und -blüten

1 EL der Mischung mit 150 ml heißem Wasser übergießen und 10 Minuten bedeckt ziehen lassen. Anschließend klopfen Sie das Kondenswasser zurück in den Tee. 3-mal täglich lauwarm Ihrem Tier verabreichen.

HINWEIS

Die Kräutermischung können Sie auch als Lecksalz anbieten.

TEE ODER SALZ MIT ÄTHERISCH-ÖL-HALTIGEN HEILKRÄUTERN

- je 1 EL Anis- und Fenchelsamen, angestoßen
- 2 EL Fichtensprossen
- 1 EL Kamillenblüten
- 2 EL Salbeiblätter
- 2 EL Thymiankraut

Als Tee: 1 EL der Mischung mit 150 ml heißem Wasser übergießen und 10 Minuten bedeckt ziehen lassen. Anschließend das Kondenswasser zurück in den Tee klopfen. 3-mal täglich lauwarm dem Tier verabreichen.

Als Salz: Kräuter zerkleinern und mit Kochsalz oder Viehsalz mischen, anstoßen und täglich 1 TL verabreichen.

SCHLEIMLÖSENDE TEEMISCHUNG BEI FESTSITZENDEM HUSTEN

- 20 g Schlüsselblumenblüten
- 20 g Holunderblüten
- 20 g Gänseblümchenblüten
- 20 g Thymiankraut
- 15 g Fichtensprossen
- 5 g Fenchel, angestoßen

1 EL der Mischung mit 150 ml heißem Wasser übergießen, 10 Minuten bedeckt ziehen lassen und anschließend das Kondenswasser zurück in den Tee klopfen. 4-mal täglich lauwarm dem Tier verabreichen.

SCHLEIMLÖSENDE TEEMISCHUNG BEI ZÄHEM HUSTEN

- 10 g Anissamen, angestoßen
- 25 g Schlüsselblumenblüten
- 15 g Lindenblüten
- 25 g Spitzwegerichblätter
- 25 g Königskerzenblüten
- gegebenenfalls mit 1 TL Honig süßen

1 EL mit 150 ml kochendem Wasser übergießen, 10 Minuten bedeckt ziehen lassen und anschließend das Kondenswasser zurück in den Tee klopfen. Verabreichen Sie Ihrem Tier den Tee mehrmals täglich lauwarm.

PHYTOBIOTIKA-KUGELN

- 2 EL Kapuzinerkresse (frisch)
- 2 EL Spitzwegerichblätter
- 3 EL Thymiankraut
- 2 EL Hagebuttenfrüchte (frisch oder getrocknet)
- Roggenmehl

Kräuter klein schneiden und mit Erkältungstee (siehe das Rezept auf Seite 110) und dem Roggenmehl zu einem Teig kneten. Formen Sie dann den Teig zu haselnussgroßen Kugeln und lassen diese an der Heizung trocknen. Über den Tag verteilt 4 Kugeln verabreichen. Die Phytobiotika-Kugeln wirken stark keimhemmend.

KRAMPFLÖSENDE TEEMISCHUNG BEI KRAMPFARTIGEM HUSTEN

- 30 g Spitzwegerichblätter
- 30 g Huflattichblätter
- 10 g Fenchelsamen, angestoßen
- 10 g Isländisch Moos
- 10 g Süßholzwurzel
- 10 g Königskerzenblüten

1 TL der Mischung mit einer Tasse kaltem Wasser ansetzen und 1,5–2 Stunden ziehen lassen. Dann abseihen und immer wieder in kleinen Mengen verabreichen.

INHALATION MIT KRAMPFLÖSENDEN HEILPFLANZEN

- 2 Teile Thymiankraut
- 1,5 Teile Holunderblüten
- 1,5 Teile Mädesüßblüten
- 1 Teil Engelwurzwurzel
- 1 Teil Kiefern- und Tannennadeln

Zerkleinern Sie 1 Tasse getrockneter Kräuter oder stoßen Sie sie im Mörser an. Die Kräuter in einem Eimer mit 2 l heißem Wasser übergießen. Wie Sie Inhalationen anwenden, erfahren Sie auf Seite 42/43 Als Fertigpräparat können Sie auch Melissengeist-Atembrise von Dr. Schaette verwenden.

BEWÄHRTE REZEPTE GEGEN GRIPPALE INFEKTE

Husten ist bei Ziegen und Schafen eines der häufigsten Symptome und kann – je nach Ursache – mit Heilpflanzen begleitet und gelindert werden. Bei hohem Fieber und Atemnot sollten Sie jedoch immer den Tierarzt hinzurufen.

Wie erkennen Sie akute grippale Infekte?

- → plötzlich auftretender Krankheitsbeginn mit Apathie und hohem Fieber
- → Futterverweigerung
- → fehlendes Wiederkäuen
- → längeres Liegen an einem Platz als üblich

Wie können Sie akute grippale Infekte naturheilkundlich begleiten?

- → viel Ruhe ermöglichen, gegebenenfalls Stallruhe (in Hörweite der Herde)
- → viel Flüssigkeit oder Tees geben, besonders Bittertstofftees (etwa mit Engelwurz und Salbei)
- → stärkende Pflanzen anbieten (etwa Rosmarin, Thymian, Brennnessel)
- → fiebersenkende, schmerzlindernde Pflanzen verabreichen (etwa Weide, Mädesüß)
- → bei schweren Erkrankungen oder langem Krankverlauf immer noch Weißdorn zur Stärkung des Herzens dazugeben
- → wenig „leichtes" Futter anbieten

GRIPPETEE FÜR KRAMPFARTIGEN HUSTEN

- 15 g Thymiankraut
- 10 g Hagebuttenfrüchte
- 15 g Weidenrinde
- 20 g Holunderblüten
- 20 g Weißdornblätter und -blüten

1 EL mit 150 ml kochendem Wasser übergießen, 10 Minuten bedeckt ziehen lassen und anschließend das Kondenswasser zurück in den Tee klopfen. Verabreichen Sie Ihrem Tier den Tee mehrmals täglich lauwarm.

GRIPPETEE FÜR FESTSITZENDEN HUSTEN

- 30 g Mädesüß
- 20 g Lindenblüten
- 15 g Engelwurzwurzeln
- 15 g Rosmarinblätter
- 20 g Königskerzenblüten

Für Zubereitung und Anwendung verfahren Sie wie beim vorigen Rezept.

BEWÄHRTE REZEPTE ZUR ABWEHRSTÄRKUNG BEI CHRONISCHER INFEKTANFÄLLIGKEIT

Bei immer wiederkehrenden Infekten ist es gut, das Tier unter anderem mit Vitaminen und immunstärkenden Heilpflanzen zu unterstützen.

VITAMIN-C-REICHE FRÜCHTE

- 2 Teile Hagebuttenfrüchte (einheimische Frucht mit dem höchsten Vitamin-C-Gehalt)
- je 1 Teil Sanddornfrüchte und schwarze Johannisbeere
- je 1 Teil Brennnessel- und Gierschblätter

Bieten Sie die frischen oder getrockneten Früchte Ihren Tieren aus der Hand an.

Brennnesselsamen sind wahre Vitaminbomben und stärken die körpereigenen Abwehrkräfte.

ABWEHRSTÄRKENDE VITAMINKUGELN

Teig

- 400 g Roggenmehl, ½ Tasse Leinsamen
- 1 EL Viehsalz
- 1 Tasse getrocknete Hagebutten, zerkleinert
- 3 EL Brennnesselblätter
- 2 EL Brennnesselsamen
- 4 EL Engelwurzwurzeln, angestoßen
- ½ l Grippetee für krampfartigen Husten (auf Seite 113)

Panade

- 2 EL Viehsalz
- 2 EL Brennnesselsamen

Als Leckerli und Energiebooster die Zutaten zu Kugeln formen (siehe Seite 35).

IMMUNSTIMULIERENDE TINKTUR

- 30 g Kraut vom Purpurnen Sonnenhut, frisch
- 30 g Kapuzinerkressekraut, frisch
- 20 g Thymiankraut
- 10 g Engelwurzwurzel
- 10 g Hagebuttenfrüchte
- 300 ml 40%iger Wodka

Kräuter zerkleinern, in ein Schraubglas geben, mit Wodka übergießen, sodass alles mit Alkohol bedeckt ist. 3 Wochen an einem hellen, nicht sonnigen Ort stehen lassen. Danach die Tinktur abseihen und in dunkle Tropfenfläschchen füllen. 3-mal tgl. 20 Tropfen auf trockenes Brot oder ins Futter tropfen und verfüttern.

HEILPFLANZEN FÜR NIEREN UND HARNWEGE

DIE NIEREN sind wichtige Entgiftungsorgane, die nicht benötigte wasserlösliche Bestandteile über den Harn ausscheiden. Das sind zum einen Stoffe wie Kreatinin, Harnstoff und Harnsäure aus dem Eiweißstoffwechsel, aber auch Medikamente und Umweltgifte.

Die hochkomplexen Nieren regulieren außerdem den Wasserhaushalt des Körpers (Homöostase), den Blutsalzgehalt (Natrium, Kalium), das Säure-Basen-Gleichgewicht sowie den Mineralhaushalt (Kalzium- und Phosphatstoffwechsel). Außerdem wird hier Vitamin D in seine wirksame Form umgewandelt. Sogar die blutbildungsanregenden Hormone werden in den Nieren produziert.

Die Nieren müssen daher gut geschützt werden. Rufen Sie lieber einmal zu oft den Tierarzt, wenn das Tier fiebert, Blut im Urin hat oder apathisch und appetitlos (ohne Wiederkäuen) ist und großen Durst zeigt. Nierenerkrankungen sollten immer vom Tierarzt begleitet und nur in Absprache mit diesem naturheilkundlich begleitet werden.

Gut zu behandeln und eine Domäne der Heilpflanzenkunde sind jedoch Blasenentzündungen, die auch bei Schafen und Ziegen immer wieder vorkommen können. Auch die Neigung zur Harnsteinbildung (bei falscher Mineralstoffzusammensetzung im Futter, zu wenig Flüssigkeitsaufnahme, Kastraten oder alten Tieren) kann vorbeugend mit Heilpflanzen begleitet werden.

Die Brennnessel ist ein wichtiges Kraut bei Harnwegserkrankungen.

Wie erkennen Sie eine Blasentzündung bei Ihren Tieren?

→ häufiges Absetzen kleiner Mengen Harn oder Harnträufeln
→ Schmerzäußerungen oder gekrümmter Rücken beim Urinieren
→ konzentrierter dunkelgelb-brauner, stark riechender Urin
→ gegebenenfalls Blut im Harn (rötlich)
→ häufigeres Lecken der Genitalregion
→ zuweilen Fieber (!)

Welche Ursachen können Blasenentzündungen haben?

→ aufsteigende Keime in der Harnröhre (häufiger bei weiblichem Tier, da kurze Harnröhre)
→ Durchnässung bei starkem Regen und Wind sowie bei gefrorenem Boden

WICHTIG!

Bei schweren Harnwegsinfekten unbedingt den Tierarzt hinzuziehen, sobald Fieber auftritt!

Bei Harnwegsinfekten behandelt man in der Naturheilkunde mit zwei Maßnahmen, der sogenannten Zwei-Säulen-**Therapie**. Die erste Säule soll die Harnwege **desinfizieren** und verhindern, dass Keime aufsteigen, sich vermehren oder sich an die Blasenschleimhäute anheften. Die zweite Säule sorgt für das **Durchspülen** der Harnwege und schwemmt dabei die Keime aus dem Körper. Welche Heilpflanzenpräparate sich für die jeweilige Säule eignen, zeigt die Tabelle auf nachfolgender Seite.

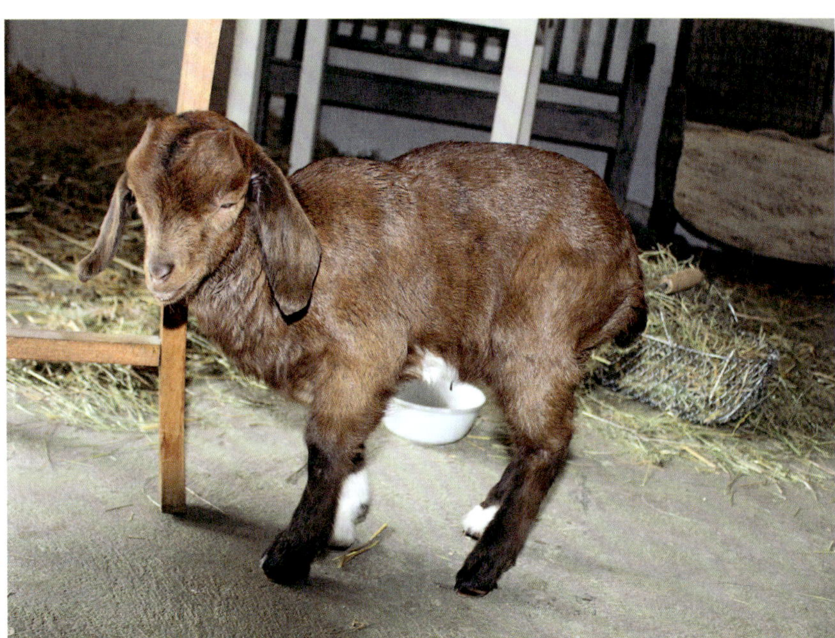

Ein gekrümmter Rücken ist ein mögliches Symptom bei Blasenbeschwerden.

HEILPFLANZEN BEI HARNWEGSINFEKTEN UND IHRE WIRKSTOFFE

Harnwege desinfizierend (Dauer: 1 Woche)	Harnwege durchspülend (Dauer: 2 Wochen)
Bärentraubenblätter	Brennnessel
Birnenblätter	Ackerschachtelhalm
Kapuzinerkresse	Liebstöckel
Brunnenkresse	Wacholderbeeren
Meerrettichwurzel	Birkenblätter
Echte Goldrute	Löwenzahn
	Kanadische und echte Goldrute

Wie erkennen Sie Harnsteine bei Ihren Tieren?

→ häufig betroffen: männliche Tiere, besonders Kastraten, Mastlämmer und -kitze, Ausstellungstiere sowie erwachsene Ziegen- und Schafböcke
→ Absetzen des Harns nur unter starkem Pressen und tropfenweises oder gar nicht
→ Tiere stehen dabei breitbeinig und mit gesenktem Kopf
→ Zähneknirschen als Zeichen für starke Schmerzen
→ Verweigern des Futters
→ apathisches Verhalten

Welche Ursachen können Harnsteine haben?

→ übermäßige Fütterung mit Getreide
→ bei gleichzeitig zu geringer Flüssigkeitsaufnahme

Wie können Sie Harnsteine naturheilkundlich begleiten?

→ Zur Harnsteinprophylaxe Mineralfutter umstellen oder Raufutteranteil erhöhen
→ gleichzeitige Zugabe von Salz
→ zur Vorbeugung und Therapie bei Harnsteinen Durchspülung der Niere und Harnwege mit harntreibenden Pflanzen (siehe Spalte 2 in der obigen Tabelle)

DESINFIZIERENDER, DURCHSPÜLENDER NIEREN-BLASEN-TEE

- 40 g Bärentraubenblätter
- 20 g Brennnesselblätter
- 20 g Thymiankraut
- 25 g Echte Goldrute (Kraut)
- 20 g Schafgarbenkraut

1 EL der Mischung mit 150 ml kochendem Wasser übergießen und zugedeckt 10 Minuten ziehen lassen, abgießen. 3-mal täglich dem Tier eingeben.

TRADITIONELLES PULVER GEGEN BLASENENTZÜNDUNG UND BLASENSTEINE

- 40 g Bärentraubenblätter, pulverisiert
- 30 g Birkenknospen, fein geschnitten
- 30 g Petersilienwurzel, pulverisiert/geschnitten

Zutaten zu einem Pulver mischen. 1 EL 2–3-mal täglich unter das Futter mischen. Kann auch in Bissen, Latwergen oder Salz eingearbeitet werden.

WICHTIG!

Bärentraubenblätter nicht während der Trächtigkeit oder bei Jungtieren anwenden.

KRAMPFLÖSENDER, DIE HARNWEGE DURCHSPÜLENDER TEE

- 40 g Echte Goldrute (Kraut)
- 20 g Ackerschachtelhalmkraut
- 20 g Fenchelsamen, angestoßen
- 30 g Gänsefingerkraut

1 EL der Mischung mit 150 ml kochendem Wasser übergießen und zugedeckt 20 Minuten ziehen lassen, dann abgießen. 3-mal täglich verabreichen.

DESINFIZIERENDER, HARNTREIBENDER NIEREN-BLASEN-TEE

- 20 g Birnenblätter
- 20 g Petersilienwurzel
- 30 g Ackerschachtelhalmkraut
- 30 g Thymiankraut
- 20 g Löwenzahnblätter

1 EL mit 250 ml heißem Wasser übergießen, 10 Minuten zugedeckt zeihen lassen, das Kondenswasser in den Tee zurückklopfen, 3-mal täglich verabreichen.

WARME EUKALYPTUSÖL-BLASENKOMPRESSE

- 50 ml Sonnenblumen-/Olivenöl
- 50 Tropfen ätherisches Eukalyptusöl

1 EL der Mischung auf eine Kompresse oder ein Wattepad geben und mit einem „Handwärmer" (zum Beispiel aus dem Drogeriemarkt) so auf der Blasenregion platzieren, dass die Eukalyptusöl-Kompresse auf der wenig behaarten Haut liegt. Diese mit Bandage fixieren und 1–2 Stunden belassen. Die Kompresse wirkt krampflösend, harntreibend und keimhemmend und tut dem Tier gut.

HINWEIS

Persönlich habe ich bei meinen Ziegen und Schafen gute Erfahrungen mit dem Fertigpräparat Angocin Antiinfekt (Meerrettich und Kapuzinerkresse) aus der Humanmedizin gemacht.

HEILPFLANZEN FÜR DIE HAUT

AUCH BEI ZIEGEN UND SCHAFEN ist die Haut das größte Sinnesorgan. Sie grenzt den Körper nach außen ab und dient als Abwehrbarriere. Die Haut ist von einer Vielfalt an Mikroorganismen (Hautflora) besiedelt, die wiederum krank machende Keime abhalten soll. Außerdem schützt die Haut die Tiere vor Wind und Wetter. Mithilfe der Hautdurchblutung und des Fells bei Ziegen und der Wolle bei Schafen können die Tiere ihre Körpertemperatur regulieren und konstant halten.

Durch das Sträuben des Fells (die Muskeln ziehen sich zusammen) können die Ziegen ihre Körperoberfläche und damit ihre Isolationsschicht vergrößern und sich warmhalten – wie mit einem Daunenmantel. Bei den Schafen funktioniert dies ebenso, jedoch sorgt hier die Wolle mit ihrem Wollfett, dem Lanolin aus den Talgdrüsen, winters wie sommers zusätzlich für konstante Körpertemperatur sowie für Regenschutz. Die Wolle von Schafen kann 3 % des eigenen Gewichts an Wasser binden, ohne dass die Tiere „bis auf die Haut" nass werden. Regnet es heftiger, hängt die Wolle nur noch in Zotteln herunter und die Tiere können sich schneller erkälten. Ziegen haben diesen Schutz nicht und mögen daher keinen Regen.

Manchmal helfen auch gefiederte Freunde bei der Parasitenabwehr.

Neben der Temperatur nehmen unsere Tiere über die Haut auch Berührung sowie Schmerz und Druck wahr. Zahme Ziegen und Schafe lieben Schmuseeinheiten, das Kraulen am wolligen Rücken oder am Kinn, unsere Gesellschaft und Nähe. Über den individuellen Körpergeruch, der sich besonders in Wolle oder Fell fixiert, können die Tiere sich gegenseitig erkennen und miteinander kommunizieren.

An der Körperhaltung und an Fell oder Wolle sehen Artgenossen und auch wir Menschen, ob sich das Tier wohl- oder bedroht fühlt. Gekrümmter Rücken, hängender Kopf und ein gesträubtes Fell zeigen, dass es ihm nicht gutgeht. An Fell oder Wolle erkennen wir auch, ob das Tier krank ist, etwa wenn sie struppig oder stumpf wirken, bei kahlen Stellen und bei Juckreiz oder Parasitenbefall.

Allgemein gilt: Vorbeugen ist besser als therapieren. Kontrollieren Sie daher Ihre Tiere regelmäßig auf Hautparasiten. Bei einer kleinen Herde können Sie in Abständen immer wieder solche Hautpflegerituale durchführen. Ziegen können Sie – im Gegensatz zu Schafen – kämmen. Bei Schafen verringert das

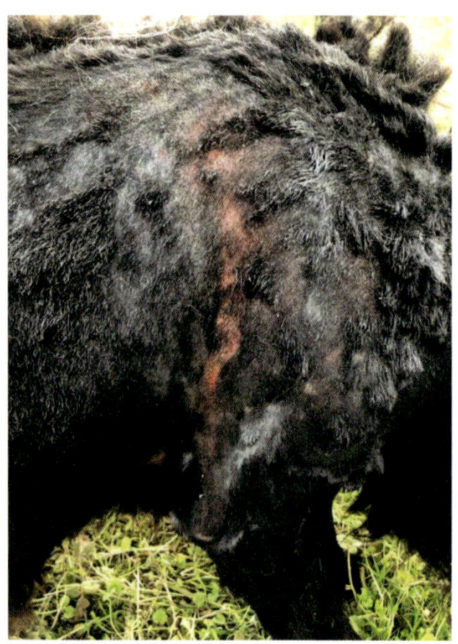

Parasitenbefall führt zu starkem Juckreiz und geröteter Haut.

Scheren den Parasitenbefall, da man Zecken, Fliegeneier und schmierige Wunden schneller erkennt und behandeln kann.

Besonders die verdreckte, feuchte Wolle am Schwanzansatz, um den After oder an den Hinterläufen birgt die Gefahr, dass dort – angelockt durch den Kotgeruch und das feuchtwarme Klima – die Schmeißfliegen ihre Eier ablegen. Die Maden schlüpfen innerhalb von wenigen Tagen und fressen sich in den Körper und die Organe der Schafe. Da der Speichel der Maden schmerzstillende Stoffe enthält, merken die Tiere nicht, dass sie angefressen werden. Daher ist es wichtig, Maden und Eier regelmäßig abzusammeln und das erkrankte Tier tierärztlich zu behandeln.

Eine intakte Haut und das Leben im Freien (Sonne!) sind für Ziegen und Schafe wichtig, da so Vitamin D in der Haut gebildet werden kann. Es sorgt für stabile Knochen und Zähne sowie für gute Muskelfunktionen. Vitamin D unterstützt aber auch das Immunsystem und hilft, entzündliche Prozesse im Körper zu regulieren.

Wie erkennen Sie Krankheiten der Haut bei Ihren Tieren?

→ sichtbare Wunden, Abszesse, Geschwüre
→ Wundheilungsstörungen oder überschießende Narbenbildung
→ Entzündungen mit typischen Entzündungszeichen, wie Rötung, Schwellung, Erwärmung, Schmerz und Funktionseinschränkung
→ starker Juckreiz
→ große Unruhe (zum Beispiel ausgelöst durch Parasiten)
→ Kratzen, Scheuern und Lecken, häufig bedingt durch Pilz- und Parasitenbefall
→ kahle, gerötete Hautstellen
→ stumpfes und struppiges Fell
→ Hautveränderungen, wie Knoten, Quaddeln, Bläschen, übermäßige Schuppen oder Schorf

Wie können Sie Heilkräuter auf der Haut einsetzen?

→ zur Pflege und Ernährung der Haut
→ entzündungshemmend, wundheilungsfördernd und keimwidrig (Bakterien, Viren, Pilze)
→ blutstillend, die Wundsekretion vermindernd, Abszesse aufweichend
→ juckreizmildernd, schmerzlindernd
→ bindegewebsregenerierend, narbenbildend und -pflegend
→ Krusten und Schorf aufweichend

WUNDARTEN

Es gibt unterschiedliche Arten, wie man Wunden einteilen kann. Eine davon ist die Unterteilung in akute oder chronische Wunden. Eine akute Wunde ist eine Verletzung, bei der oberflächliche oder tiefere Hautschichten beispielsweise durch Gewalteinwirkung oder thermische Ursachen, wie Verbrennungen, entstehen. Eine chronische Wunde, zeichnet sich durch schlechte Wundheilung oder Komplikationen (länger als 4–12 Wochen) aus. Des Weiteren kann man Wunden unterteilen in offene Wunden mit Verletzung der Hautschichten oder in geschlossene, stumpfe Verletzungen, bei denen die Hautoberfläche intakt bleibt, es aber zu Gewebstraumatisierungen kommt.

WICHTIG!

Bei stark blutenden, tiefen oder klaffenden Wunden, bei Bisswunden, schlecht heilenden Wunden, Verletzungen am Auge sowie bei offenen Brüchen und Fremdkörpern in der Wunde sollten Sie immer den Tierarzt rufen!

WUNDHEILUNG

Am häufigsten kommt es durch Kämpfe, Stöße, Stürze oder Hängenbleiben an Gegenständen zu Verletzungen mit Schürf-, Riss- oder Kratzwunden, die dann behandelt werden sollten. Dabei ist es hilfreich, die Phasen der natürlichen Wundheilung zu kennen.

Drei Phasen

In der **Reinigungsphase** (2–3 Tage) wird durch das Engstellen der Blutgefäße und die Aktivierung des Gerinnungssystems die akute Blutung gestoppt. Über der Wunde bildet sich ein Fibrinnetz aus und Abwehrzellen wandern in die Wunde ein. Bakterien, Fremdkörper und Zelltrümmer werden durch vermehrte Produktion von Wundflüssigkeit aus der Wunde gespült oder von den Abwehrzellen aufgefressen (Phagozytose). Die Wunde zeigt die typischen Entzündungszeichen, wie Rötung, Schwellung, Überwärmung, Schmerz oder Funktionseinschränkungen. Gleichzeitig setzt der Körper Wachstumsfaktoren vor Ort frei, um die Wundheilung voranzutreiben.

In der anschließenden **Granulationsphase** (Tag 2–4) kommt es zur Gefäß- und Gewebsneubildung. Der Substanzverlust der Wunde wird durch neues Gewebe ausgefüllt, wobei sich neue Zellen auf dem Fibrinnetz ansiedeln und dieses durch Bindegewebsfasern und Kollagen verfestigen. Diese reifen und ziehen dadurch die Wunde zusammen. Ab dem vierten Tag bilden sich kleinste Blutgefäße im neuen Gewebe, die für dessen gute Ernährung sorgen. Es bildet sich ein fester Wundverschluss. Im Idealfall ist die Wunde sauber, tiefrot (je nach Hautfarbe des Tieres), gut durchblutet und feucht glänzend. Die Wundflüssigkeit wird weniger.

Nun folgt die **Epithelisierungsphase** (Tag 4–21), in der sich sie die Wunde zusammenzieht und die Epithelzellen (Zellen der obersten Hautschicht) vom Wundrand her einwandern. Durch zusätzliche Zellteilung verdickt sich die Zellschicht und es kommt zum endgültigen Wundverschluss mit anschießender Narbenbildung. Das Gewebe hat nun eine rosa bis hellrosa/weißliche Farbe. Die Absonderung von Wundflüssigkeit ist gering.

Stadiengerechte Wundbehandlung

Die richtige Wundbehandlung ist eine Kunst für sich und muss stadiengerecht angepasst werden. Bevor Sie bei Verletzungen oder Hautproblemen entscheiden, welche Maßnahmen Sie ergreifen, ist es sinnvoll, zuerst den betroffenen Haut- oder Wundbereich großflächig zu scheren oder zu rasieren. So können Sie die Wunde besser beurteilen und Hautveränderungen, wie mögliche Entzündungen, allergische Reaktionen oder Ausschläge, schneller bemerken. Das Scheren ermöglicht auch eine bessere Resorption der Wirkstoffe über die Haut und verhindert, dass das Wundgebiet oder Haare und Wolle verkleben. Außerdem können Sie die Wunde so besser sauber halten. Sind größere Bereiche betroffen, ist es wichtig, diese vor Sonnenbrand und gegebenenfalls Wärmeverlust zu schützen.

HINWEIS

Bringen Sie nie Antibiotikasalben oder -puder auf die frische, offene Wunde auf, da sie die Wundheilung hemmen.

BEWÄHRTE REZEPTE FÜR DIE AKUTPHASE VON WUNDEN

In der Akutphase von oberflächlichen Verletzungen können Sie Heilpflanzen als feuchte Anwendungen zur Wundreinigung nutzen. Bei leicht blutenden Wunden wirken Spitzwegerich, Hirtentäschel, Blutwurz, Schafgarbe blutstillend. Keimhemmend, wundreinigend und wundheilend hingegen sind Auszüge von Ringelblume, Kamille, Salbei, Gundermann, Spitzwegerich, Eichenrinde oder Zaubernuss.

WUNDTINKTUR FÜR FRISCHE SCHÜRFWUNDEN

- 20 g Kamillenblüten
- 20 g Ringelblumenblüten
- 20 g Schafgarbenkraut
- 15 g Hirtentäschelkraut
- 15 g Zaubernussblätter und -blüten
- 10 g Salbeiblätter
- 500 ml 40%iger Wodka

Die Kräuter klein schneiden und in ein Schraubglas mit dem Wodka geben. Das Pflanzenmaterial muss dabei vollständig (1–2 cm) mit Alkohol bedeckt sein. An einem warmen, hellen, nicht sonnigen Platz ausziehen lassen und täglich schütteln. Nach 3 Wochen die Tinktur durch ein feines Sieb abgießen und in ein braunes Fläschchen füllen.

Auf dem Etikett geben Sie Datum des Ansetzens und Abgießens, verwendete Pflanzen, Alkohol, gegebenenfalls Dosierung an. Für die äußerliche Anwendung 40 ml Tinktur auf 1 l Tee oder Wasser geben. Die Lösung in eine sterile Einwegspritze aufziehen und den Schmutz sowie Fremdkörper und Keime von innen nach außen aus der Wunde spülen.

WUNDTINKTUR FÜR ENTZÜNDETE, EITRIGE WUNDEN

- 20 g Ringelblumenblüten
- 20 g Gundermannkraut
- 20 g Spitzwegerichkraut
- 20 g Schafgarbenkraut
- 15 g Blutwurzwurzel
- 1 Scheibe Gelbwurzwurzel
- 500 ml 40%iger Wodka

Verfahren Sie wie im vorigen Rezept beschrieben.

ERSTE-HILFE-WUNDPULVER BEI BLUTENDEN WUNDEN

Die Gerbstoffe der Blutwurz und die Scharfstoffe und ätherischen Öle der Gelbwurz haben stark desinfizierende und blutstillende Eigenschaften. Beide Pflanzen sind alte Hausmittel gegen blutende Wunden und Schnittwunden.

- Blutwurzwurzelpulver oder
- Kurkumapulver (Gelbwurz)

Die pulverisierte Droge in die Wunde streuen. Ein sauberes Taschentuch oder eine Kompresse auf die Wunde drücken, um die Blutung zu stillen. Anschließend die Wunde mit Wundtees (siehe das übernächste Rezept) reinigen. Das Pulver wirkt schnell und zuverlässig.

10%IGE PROPOLISTINKTUR

- 1 ml Tinktur aus der Apotheke mit 250 ml Wasser verdünnen

Wunde damit reinigen und anschließend frisch verbinden.

WUNDREINIGENDER, BLUTSTILLENDER TEE BEI OBERFLÄCHLICHEN, NÄSSENDEN ODER ENTZÜNDETEN VERLETZUNGEN

- 20 g Hirtentäschelkraut
- 20 g Schafgarbenblüten
- 20 g Zaubernussblätter, -rinde
- 20 g Gänseblümchenblüten
- 15 g Ackerstiefmütterchen
- 20 g Spitzwegerichblätter

1 EL der Mischung mit 250 ml heißem Wasser übergießen. Lassen Sie den Tee zugedeckt 10 Minuten ziehen. Dann abkühlen lassen und die Wunde damit von innen nach außen reinigen (spülen oder wischen). Bei stark nässenden oder entzündeten, leicht blutenden Schürfwunden 3-mal täglich eine feuchte Teekompresse auflegen und 5 Minuten einwirken lassen. Wird der Teeaufguss abgedeckt im Kühlschrank gelagert, ist er 1 Tag haltbar.

BEWÄHRTE REZEPTE FÜR DIE AUSHEILUNGSPHASE VON WUNDEN

In der Ausheilungsphase sind je nach Stadium Lotion, Öl, Gel oder Creme angebracht.

SCHÜTTELLOTION FÜR SICH SCHLIESSENDE WUNDEN UND PROBLEMLOSE NARBENBILDUNG

- 50 ml Johanniskrautöl, gegebenenfalls 10 ml Nachtkerzenöl (optional)
- 50 ml Tee aus Ringelblumenblüten, Gänseblümchen, Ackerstiefmütterchenkraut, Zaubernussblätter und -blüten zu gleichen Teilen
- ½ TL Sanddornfruchtfleischöl
- 15 Tropfen ätherisches Lavendelöl

Zutaten mischen und in der Epithelisierungsphase mehrmals täglich auf die sich zusammenziehende Wunde sprühen. Die Inhaltsstoffe machen die Haut elastisch, enthalten Bausteine und Vitamine für die Zellneubildung und Regeneration der Haut und fördern eine problemlose Narbenbildung.

JOHANNISKRAUTÖL FÜR DIE WUNDRAND- UND NARBENPFLEGE

Das Öl (Zubereitung siehe Grundrezept auf Seite 36) täglich 1–2-mal dünn in Wundränder oder Narbe einmassieren. Im Hochsommer und bei starker Sonneneinstrahlung nicht auf sonnenexponierte Körperteile (etwa den Euter) auftragen, da dies zu Sonnenbrand führen kann.

BEWÄHRTE REZEPTE FÜR DIE NACHBEHANDLUNG VON WUNDEN UND NARBEN

Bei der Nachbehandlung von abgeheilten Wunden, geschlossenen Abszessen und Wundrändern frischer Wunden eignen sich Salben und (Harz-)Balsame. Aber Achtung: Geben Sie Salbe und Balsam nie auf frische Wunden!

RINGELBLUMENSALBE FÜR DIE WUNDRAND- UND NARBENPFLEGE

- 10 g Ringelblumenblütenköpfchen
- 10 g Bienenwachs
- 100 ml Johanniskrautöl

Die Salbe (Zubereitung siehe Grundrezept auf Seite 37) täglich 1–2-mal dünn in Wundränder oder Narbe einmassieren. Im Hochsommer bei starker Sonneneinstrahlung nicht auf sonnenexponierte Körperteile (etwa den Euter) auftragen, da dies zu Sonnenbrand führen kann.

BEWÄHRTE REZEPTE BEI VERBRENNUNGEN

Sonnenbrand kann bei Ziegen und Schafen im Sommer an wenig behaarten Körperbereichen wie dem Euter auftreten. Das Euter ist dann gerötet und warm, die Haut brennt und juckt, was für das Tier sehr unangenehm ist. Durch Kühlung können wir ihm Linderung verschaffen, die Haut beruhigen und den Schmerz reduzieren.

ALOE-GEL BEI SONNENBRAND, OBERFLÄCHLICHEN BRANDVERLETZUNGEN, INSEKTENSTICHEN ODER JUCKREIZ

- 1 EL frisches Aloe-Gel (aus dem Blatt filetieren; siehe nebenstehendes Bild)
- gegebenenfalls ½ TL Gelbwurzpulver

Das Aloe-Gel mit Gabel oder Mörser zerquetschen oder im Mixer pürieren und mit dem Gelbwurzpulver mischen. Mit einem sauberen Spatel oder stumpfen Messer auf den geröteten, erhitzten, geschwollenen oder verletzten Hautbereich auftragen.

ALOE-EISSTICK

Aloe-Gel pürieren, in einen schnapsglasgroßen Plastikbecher füllen, einen Spatel hineinstellen (wie bei Eis am Stiel) und einfrieren (siehe Seite 151). In einer Plastiktüte im Gefrierfach aufbewahren. Bei Bedarf kurz antauen lassen und die betroffenen Hautstellen damit kühlen.

Aloe-Gel wirkt kühlend und lindert den Schmerz.

BEWÄHRTE REZEPTE BEI JUCKREIZ

Bei Ziegen und Schafen wird der Juckreiz häufig durch Ektoparasiten ausgelöst. Er äußert sich durch Kratzen sowie Krusten und Borken, besonders im Hals- und Brustbereich. Bei Schafen ist die wichtigste und wirkungsvollste Maßnahme die Schur, am besten zweimal jährlich. Das entfernt den Großteil der Parasiten.

PURES ALOE-GEL BEI JUCKREIZ UND TROCKENEN HAUTSTELLEN

Siehe das Rezept auf Seite 125. Das Gel auf die juckenden, trockenen oder ekzematösen Hautpartien tupfen.

ALOE-ESSIG

- 2 EL Aloe Gel
- 100 ml Apfelessig

Beide Zutaten in ein Sprühfläschchen geben und die juckenden Bereiche, Insektenstiche oder Ekzeme damit einsprühen. Der Aloe-Essig ist bei Juckreiz eine gute Alternative zum Aloe-Gel.

HAUTBERUHIGENDER TEE

- 20 g Zaubernussblätter und -rinde
- 20 g Ackerstiefmütterchenkraut
- 15 g Goldrutenblüten
- 10 g Walnussblätter
- 5 g Wacholderbeeren, angestoßen
- 20 g Ringelblumenblüten

1 TL der Mischung mit 250 ml heißem Wasser übergießen und 7 Minuten zugedeckt ziehen lassen. Als Tränke 2–3-mal täglich anbieten, gegebenenfalls eingeben und äußerlich als feuchte Auflage auf juckende Hautpartien auflegen oder mehrmals täglich aufsprühen.

ZUGSALBE ODER HARZBALSAM BEI ABSZESSEN UND FURUNKELN

- 30–60 g Baumharz (Fichte, Tanne oder Kiefer)
- 30 g klein gehackte Nadeln von Fichte, Tanne, Lärche, Kiefer oder Wacholder
- 300 ml kalt gepresstes Olivenöl
- 30 g Bienenwachs

Geben Sie die Zutaten – außer dem Bienenwachs – in einen alten Topf und lassen Sie diese bei 50–70 °C für zwei Stunden ausziehen. Danach durch ein Leinentuch, Strumpf oder Filter abgießen und in den Topf zurückfüllen. Jetzt das Bienenwachs hinzugeben und bei mittlerer Temperatur schmelzen lassen. Anschließend in Salbendöschen füllen und bis zum endgültigen Abkühlen mit einem Tuch bedecken. Zuletzt noch das Etikett mit Inhaltsstoffen und Herstellungsdatum aufkleben. Der Balsam ist an einem kühlen und dunklen Ort über 12 Monate haltbar. Weitere Anwendungsgebiete sind rheumatische (Gelenk-) Schmerzen und Wundbehandlung, Abszessreifung (zieht Eiter), Klauenverletzungen oder Aktivierung der örtlichen Abwehr in Haut und Gewebe.

WEISSKOHLAUFLAGE

- Weißkohlblätter
- Glasflasche zum Quetschen
- Kompressen und Bandage

Die Blattadern der Kohlblätter entfernen und genau auf die Größe der Wunde oder des Abszesses zuschneiden. Mit der Glasflasche quetschen, bis der Saft austritt. Genau auf das betroffene Areal legen und saugfähige Kompressen darüberlegen, da vermehrt Wundsekret austritt. Mit einer Binde fixieren und einige Stunden belassen; bei starkem Nässen gegebenenfalls vorher auswechseln. Das Tier genau beobachten, da es durch die starken Reaktionen im Wundgebiet Schmerzen leiden könnte. Nach dem Abnehmen der Auflage das Wundgebiet mit Wasser oder Ringelblumentee vorsichtig säubern. 1-mal täglich anwenden.

KARTOFFELAUFLAGE

- 1 große Bio-Kartoffel (mit Schale, weich gekocht)
- 1 Teefilterbeutel

Die gekochte Bio-Kartoffel in den Filterbeutel geben und leicht zusammendrücken (fingerbreit). Nach Temperaturkontrolle (sehr heiß!) vorsichtig auf den geschlossenen Abszess- oder Furunkelbereich auflegen. Anfangs immer wieder wegnehmen, bis sich das Tier an die Wärme gewöhnt hat. Dann länger belassen, damit sich Wundränder erweichen und Eiter und Wundsekret abfließen können.

HONIGAUFLAGE BEI UNHEILBAREN, ÜBELRIECHENDEN TUMORWUNDEN

- 15 ml Honig (Bioqualität)
- 1 Tropfen ätherisches Cajeputöl
- 1 Tropfen ätherisches Zimtrindenöl
- 2 Tropfen ätherisches Teebaumöl

Die Zutaten gut durchmischen und 2–3-mal täglich dünn auf die Wunde auftragen. Die Honigauflage wirkt wundreinigend, schmerzlindernd, kühlend, antibakteriell, beruhigend, entspannend und bindet die üblen Gerüche.

HINWEIS

Nicht verwenden bei offenen Wunden: Arnika, Beinwell, Rosskastanie, fette Öle.

Honig ist ein bewährtes Hausmittel.

BEWÄHRTE REZEPTE BEI GESCHLOSSENEN WUNDEN UND STUMPFEN VERLETZUNGEN

Bei sogenannten unblutigen Verletzungen kommt es durch Einwirkung stumpfer Gewalt zur Schädigung der oberen weichen Gewebeschichten (Gewebstraumatisierung), ohne dass die obere Hautdecke verletzt wird. Dabei entstehen Schwellungen, Schmerzen, Hautverfärbungen sowie zum Teil Funktionsbeeinträchtigungen und eine Erhitzung des Hautareals. Stumpfe Verletzungen entstehen beispielsweise durch Rangkämpfe, übermütiges Spielen und Rennen in unwegsamem Gelände oder andere verletzungsträchtige Situationen.

Als Heilpflanzenanwendungen für die **akute Phase** (Stunden) von geschlossenen Wunden und stumpfen Verletzungen empfehlen sich kühlende, abschwellende und schmerzlindernde Anwendungen, zum Beispiel Quark oder Aloe-Gel (siehe auch nebenstehende PECH-Regel).

Für die **Nachbehandlung** (Tage bis Wochen) geschlossener Wunden und stumpfer Verletzungen kommen entzündungshemmende, schmerzlindernde, resorptionsfördernde und lymphabflussfördernde Anwendungen infrage, etwa Arnika oder Beinwell als Gel, Paste, Salbe oder Breiumschlag, 2–3-mal täglich.

PECH-REGEL

Die naturheilkundliche erste Hilfe fasst die PECH-Regel für alle stumpfen Verletzungen zusammen:

- P = Pause: sofortige Ruhigstellung des betreffenden Körperteils
- E = Eis (Kälte): Eisbeutel, Aloe-Eis, Quark auf die Schwellung
- C = Kompression: Kompressionsverband, reduziert Austritt von Blut- und Gewebsflüssigkeit (Minderung von Schwellung und Schmerz)
- H = Hochlagerung: bei Schafen und Ziegen eher schwierig und nur bedingt möglich

ARNIKAAUFLAGE

1 EL Arnikatinktur auf 250 ml Wasser oder Arnikatee geben. Eine Kompresse oder ein Baumwolltuch mit der Lösung tränken und auf die betroffene Hautstelle auflegen. Mit einer Mullbinde fixieren und nach 30 Minuten entfernen.

WICHTIG!

Arnika nur äußerlich und nur verdünnt anwenden!

FRISCHPFLANZENUMSCHLAG

Frische Beinwellblätter oder Spitz- und Breitwegerichblätter oder Weißkohlblätter mit einer Flasche quetschen, bis der Pflanzensaft austritt. Direkt oder in einem dünnen Tuch oder einer Kompresse eingewickelt auf die betroffene Stelle legen, fixieren und 1–2 Stunden belassen, anschließend das Hautareal vorsichtig abwaschen. Mehrmals täglich erneuern.

Schnelle Hilfe von der Wiese

SALBENUMSCHLAG

- Kytta-Plasma oder Arnika-Salbe

Kytta-Plasma oder Arnika-Salbe dünn auf eine Kompresse auftragen. Diese direkt auf das betroffene, rasierte und gereinigte Körperareal auflegen, fixieren und 1–2 Stunden belassen, anschließend vorsichtig abwaschen. Mehrmals täglich erneuern. Verstärkt wird die abschwellende, schmerzlindernde und entzündungshemmende Wirkung, wenn die Kompresse zuvor in Beinwell- oder Arnikatinktur getaucht wurde.

BEINWELL-KATAPLASMA

Das Kataplasma wirkt abschwellend, schmerzstillend und wundheilungsfördernd bis in tiefere Gewebeschichten.

Mit frischem Beinwell: Dazu frische Wurzeln ausgraben, mit Wasser reinigen und die schwarze Wurzelhaut abschaben. Die schleimige Wurzel sehr klein schneiden, einfach geht das mit dem Wiegemesser. Fingerdick auf ein Tuch streichen, direkt auf die betroffene Körperstelle auflegen und fixieren. Mehrere Stunden belassen und anschließend vorsichtig abwaschen.
Mit getrocknetem Beinwell: Getrocknete, pulverisierte Wurzel mit kochendem Wasser oder Beinwellblättertee zu einem festen, schleimigen Brei verrühren und abkühlen lassen. Dann wie im vorigen Rezept vorgehen.

KÜHLENDER UMSCHLAG MIT HEILPFLANZEN

Die Heilpflanzen zusammen mit der Kühle wirken abschwellend bis in tiefe Gewebsschichten.

- Tinktur, zum Beispiel aus Arnika oder Beinwell
- Tee oder Wasser (handwarm)
- 1 Teil Tinktur auf 5 Teile Tee oder Wasser

Ein Tuch eintauchen, leicht auswringen und auf das betroffene Körperteil legen oder es umwickeln. Mit einer Binde fixieren. So lange belassen, wie der Umschlag kühlt und das Tier ihn duldet.

ESSIG-LEHM-KATAPLASMA

Dieses Rezept wirkt entzündungshemmend, schmerzlindernd und abschwellend.

- 50 ml Kräuteressig (Brennnessel, Arnika, Beinwell oder Weidenrinde) oder Obstessig
- 50 mg Lehm (Bio-Baustoffhandel, Heilerde)

Zu streichfähiger Paste rühren und 2 cm dick auf den geschwollenen, gezerrten Bereich auftragen. Nicht verbinden, um die Verdunstungskälte wirken zu lassen. Nach dem Antrocknen vorsichtig abrubbeln oder abwaschen. 2-mal täglich anwenden. Hält auch an Stellen, wo eine Fixierung schwierig ist.

HINWEIS

Abwehrverhalten von Ziege oder Schaf gegenüber der Behandlung kann ein Zeichen für Schmerzen sein.

COOLPACK AUS QUARK

Intensive Kältewirkung, die lange anhält. Wirkt bis in tiefere Gewebeschichten.

- 250 g Quark (zimmerwarm)
- 1 EL Arnikatinktur
- Spatel
- dünnes Baumwolltuch (Kompresse, Stoffwindel), so groß wie entzündete Stelle
- gegebenenfalls Binde zum Fixieren

Den zimmerwarmen Quark fingerdick auf eine Kompresse oder ein Tuch streichen und alle vier Seiten darüberfalten (Päckchen packen). Die Kompresse mit der einlagigen Mullseite auf die Schwellung auflegen und gegebenenfalls mit einer Mullbinde fixieren. So lange auf der Haut belassen, wie der Quark noch kühlt (circa 20 Minuten). Nach Bedarf mehrmals täglich anwenden, aber nicht auf offenen Wunden. Das angefangene Quarkpäckchen innerhalb von 2 Tagen aufbrauchen. Die Anwendung hilft bei Überwärmung von Hautarealen, bei Sonnenbrand, Juckreiz, Insektenstichen, lokalen Entzündungen, Gelenk- oder Venenentzündungen, Prellungen und Verstauchungen. Kann auch an Bereichen aufgebracht werden, wo eine Fixierung schwierig ist.

ERBSENKISSEN

Das Erbsenkissen ist ein ganz natürliches Kühlkissen.

- kleine Stoffkissenhülle, mit getrockneten Erbsen, Kirschkernen oder Reis gefüllt
- Plastiktüte
- gegebenenfalls Tuch oder Schal zum Fixieren

Kissenhülle zur Hälfte mit Trockenerbsen füllen und zunähen. Das Säckchen in einer Plastiktüte für 2–3 Stunden in die Gefriertruhe legen. Bei Bedarf auf die geprellte, verstauchte Stelle legen und mit einem Tuch befestigen. So lange belassen, wie die Kühlwirkung anhält und die Haut rosig und gut durchblutet bleibt. Dann gegen frisch gekühltes Kissen austauschen und so oft wie nötig wiederholen.

SALZWASCHLAPPEN

- 100 ml Wasser
- 2 EL Salz

Das Salz im Wasser auflösen, den Waschlappen darin tränken und auswringen. In einer Plastiktüte für 30 Minuten ins Gefrierfach legen. Herausnehmen, antauen lassen, auf oder um das betroffene Areal legen und mit elastischer Binde fixieren. Lässt sich gefroren gut an Körperteile modellieren. So lange belassen, wie der Waschlappen kühlt und die Haut rosig und gut durchblutet bleibt.

ERSTE-HILFE-EIS-SPRAY BEI STUMPFEN VERLETZUNGEN

- 50 ml Pfefferminzhydrolat oder Pfefferminztee
- 50 ml Immortellenhydrolat
- 40 Tropfen ätherisches Pfefferminzöl
- 1 TL Salz
- 120-ml-Flasche mit Sprühaufsatz

Das ätherische Pfefferminzöl mit 1 TL Salz vermischen und im Pfefferminz-Immortellenhydrolatgemisch oder -tee auflösen. In der Akutphase alle ½ Stunde auf frische geschlossene Verletzungen oder Schwellungen sprühen. Flasche vor dem Sprühen immer gut schütteln.

ERSTE-HILFE-HÄMATOMÖL

- 50 ml Johanniskrautöl
- 10 Tropfen ätherisches Immortellenöl
- 10 Tropfen ätherisches Zistrosenöl
- 10 Tropfen ätherisches Lavendelöl

Die Mischung 3-mal täglich auf die Schwellung tropfen und vorsichtig einmassieren.

ERSTE-HILFE-EMULSION BEI STUMPFEN VERLETZUNGEN UND SCHWELLUNGEN

- 20 ml Johanniskrautöl
- je 15 g Beinwell-, Arnika- und Rosskastanientinktur
- 80 ml neutrale Körpermilch

Die Körpermilch mit dem Öl und den Tinkturen mischen und gut verschütteln, damit eine Emulsion entsteht. Diese jeweils vor Gebrauch erneut gut schütteln. Bei stumpfen Verletzungen den schmerzenden, traumatisierten Bereich damit einsprühen. Die Emulsion ist 1 Jahr haltbar.

RETTERSPITZ-WICKEL

Dieses Fertigpräparat mit Inhaltsstoffen wie Thymol, Rosmarinöl und Arnikatinktur bringt Kühlung und Entlastung sowie schnelle Regeneration von Sehnen, Bändern, Muskeln und Gelenken.

Zur Anwendung siehe die Packungsbeilage.

Bei stumpfen Verletzungen bringt eine abschwellende, kühlende Quarkauflage Linderung.

BEWÄHRTE REZEPTE ZUR PARASITEN-, INSEKTEN- UND ZECKENABWEHR

Zecken, besonders die großen Schafzecken, sind weit verbreitet. Schafzecken werden 3,5–5 mm lang. Vollgesogene Weibchen können bis zu 1 cm Größe erreichen. Sie befallen am häufigsten Schafe, da sie auf Wiesen und Magerrasen sowie sonnig gelegenen Hängen und an Waldrändern vorkommen, also den typischen Weideflächen für Schafe. Schafzecken sind unempfindlicher gegenüber Trockenheit und Hitze als andere Zecken.

ZECKENABWEHR

Aus naturheilkundlicher Sicht empfiehlt es sich nicht, prophylaktisch chemische Maßnahmen zu ergreifen oder Medikamente zu verabreichen. Bei Milchziegen und Schafen ist dies ohnehin nicht erlaubt. Allerdings können Sie vorbeugend auf die Darmgesundheit achten. Gesunde Tiere mit gesundem Darm neigen weniger stark zu Zeckenbefall! Ist im Frühjahr der Befall groß, versuchen Sie es zunächst mit pflanzlichen Präparaten.

ANTI-ZECKEN-FETT

- 100 ml Bio-Kokosöl (Kokosöl ist erst ab 23 °C flüssig)
- je 7 Tropfen ätherisches Citronell-, Lavendel-, Nelken- und Geraniolöl

Alles zusammen in eine Salbendose geben (im Sommer in ein Pipettenfläschchen) und betroffene Tiere 1-mal täglich mit dem Öl an Nacken, Kopf, Bauch, Beinen und Zwischenzehen einreiben.

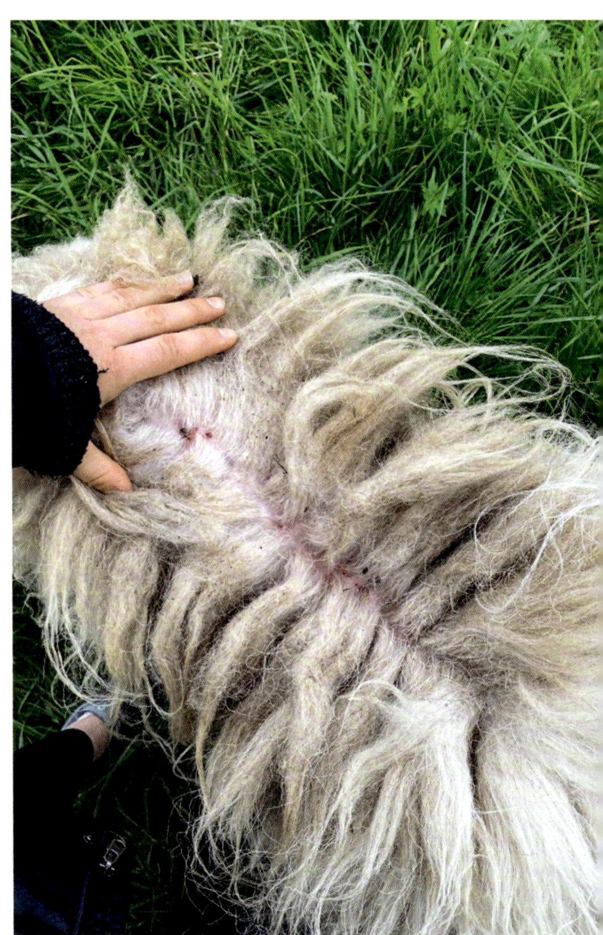

Zeckenbisse sind besonders für Schafe eine Plage.

INSEKTEN- UND PARASITENABWEHR

Chemische Mittel zur Insekten- und Parasitenabwehr haben zum Teil starke Nebenwirkungen. Viele Insekten und Parasiten reagieren allerdings empfindlich auf ätherische Öle und lassen sich daher gut mit entprechenden Rezepturen abwehren.

ANTI-FLIEGEN-SPRAY

- je 15 Tropfen ätherisches Kümmel-, Fenchel-, Palmarosa- und Lavendelöl
- 5 Tropfen ätherisches Korianderöl
- 300 ml Apfel- oder Obstessig

Zutaten in einem Sprühfläschchen gut vermischen und bei Bedarf auf befallene Körperbereiche sprühen. Nicht im Kopfbereich versprühen – die ätherischen Öle brennen auf den Schleimhäuten.

ANTI-INSEKTEN-SPRAY

- je 20 Tropfen ätherisches Kümmel-, Fenchel-, Lavendel- und Koriandersamenöl
- ½ TL Salz
- 150 ml Obstessig
- 150 ml Wasser oder Tee

Die ätherischen Öle in das Salz tropfen und mit dem Obstessig-Wasser-Gemisch auffüllen. Vor Gebrauch jedes Mal gut durchschütteln.

REPELLENT-MISCHUNG

Auszug 1

- je 1 Teil Gewürznelke, Lavendelblüten, Thymiankraut
- je 2 Teile Fenchel-, Anis-, Kümmelsamen, angestoßen

1 EL der Mischung mit 250 ml heißem Wasser übergießen und zugedeckt 8 Minuten ziehen lassen. Kondenswasser in den Tee zurückklopfen.

Auszug 2

- 250 ml Apfelessig
- je 10 Tropfen ätherisches Öl von Gewürznelken, Thymianöl
- je 8 Tropfen ätherisches Lavendel- und Fenchelöl

Beide Auszüge mischen und in eine Sprayflasche geben. Die Tiere damit bei Bedarf einsprühen.

Mit Repellent-Spray schlagen Sie Insekten in die Flucht.

BEHANDLUNG VON STICHEN UND BISSEN

Wenn alle Maßnahmen zur Insektenabwehr erfolglos waren, lindern Heilkräuter die Folgen von Stichen und Bissen.

LOKALE BEHANDLUNG VON STICHEN UND BISSEN

Folgende Anwendungen, punktuell auf Stiche oder Bisse aufgetupft oder getropft, helfen Wunder:

- Johanniskrautöl
- Aloe/Aloe-Gelbwurz-Gel
- frische Spitzwegerichblätter, zerquetscht, bis der Saft austritt
- Propolistinktur
- Schwarzkümmelöl
- 1 Tropfen ätherisches Lavendelöl

Typisch für Johanniskrautöl ist seine rote Farbe.

WUNDPASTE MIT HEILERDE

- 3–4 EL Heilerde
- 1 EL Johanniskrautöl
- 10 Tropfen Sanddornfruchtfleischöl
- je 3 Tropfen ätherisches Lavendel- und Cistrosenöl

Die Heilerde mit Johanniskrautöl zu einer homogenen, weichen Paste mischen und das Sanddornfruchtfleischöl samt ätherischen Ölen daruntergeben. Auf die Bissstellen und Stiche auftragen.

WACHOLDERBUTTER

- 1 EL noch grüne Wacholderbeeren, zerstoßen
- 70 g Butter

Wacholderbeeren und Butter zu einer Salbe vermengen und auf betroffene Hautpartien auftragen. Äußerliche Anwendung bei Hautpilz, Ausschlag und Ektoparasiten wie Räudemilben.

HEILPFLANZEN FÜR DAS AUGE

SIND DIE AUGENBINDEHÄUTE der Ziegen und Schafe gerötet, geschwollen, gereizt oder tränen sie vermehrt, können eine virale oder bakterielle Infektion oder ein banaler Schnupfen die Ursache dafür sein. Häufig kann hier schon eine Inhalation Abhilfe schaffen und dem Tier wohltun.

HINWEIS

Scheuert und reibt sich das Tier die Augen oder sind diese licht- und berührungsempfindlich, rufen Sie unbedingt umgehend den Tierarzt hinzu. Die Gefahr der Augenschädigung und der Erblindung ist sehr groß.

Am Auge ist es besonders wichtig, sauber zu arbeiten. Dabei sollten auch die Tees immer frisch zubereitet und durch einen feinen Kaffeefilter gegossen werden, damit kleine Pflanzenteile oder Härchen das Auge nicht reizen können. Die Waschrichtung sollte immer von außen nach innen – Richtung Tränennasengang – erfolgen.

ENTZÜNDUNGSHEMMENDER KAMILLENBLÜTENTEE

- 2 EL Kamillenblüten
- 250 ml heißes Wasser

Blüten mit heißem Wasser übergießen, zudecken, 10 Minuten ziehen lassen und Kondenswasser am Deckel in den Tee zurückklopfen. Durch einen feinen Kaffeefilter abseihen (feine Härchen reizen die Schleimhäute). Mit dem lauwarmen Tee 1–2-mal täglich die Augen von außen nach innen auswaschen oder als Kompresse auflegen.

Kamille sorgt für gesunde Augen.

Auf gereizte Augen haben Teekompressen eine wohltuende Wirkung.

FENCHELTEE ALS KÜHLENDE AUGENKOMPRESSE

- 1 EL Fenchelsamen, angestoßen

Mit 120 ml heißem Wasser übergießen und zugedeckt 10 Minuten ziehen lassen. Klopfen Sie das Kondenswasser am Deckel in den Tee zurück. Wattepad in lauwarmen Tee eintauchen und 2–3-mal täglich die Augen von außen nach innen auswaschen. Dieses Rezept ist geeignet für alle Tiere jeden Alters.

ABSCHWELLENDER, STABILISIERENDER SCHACHTELHALMTEE

1 EL Schachtelhalmkraut klein schneiden und mit 250 ml kochendem Wasser übergießen. 30 Minuten zugedeckt ziehen lassen und anschließend durch einen Kaffeefilter abseihen. Lauwarm bei geschwollenen und geröteten Augen verwenden.

AUGENTROST- ODER SCHWARZTEE ALS ADSTRINGIERENDE AUGENKOMPRESSE

- 2 TL getrocknetes Augentrostkraut oder Schwarzteeblätter

Setzen Sie das Kraut mit 200 ml kaltem Wasser an. Kurz aufkochen, 5–10 Minuten zugedeckt ziehen lassen, dann durch einen Kaffeefilter abseihen. Mit lauwarmem Tee 1–2-mal täglich die Augen von außen nach innen auswaschen oder einen Wattepad in lauwarmen Tee eintauchen, leicht ausdrücken und auf geschwollene, tränende Augen auflegen. Benutzen Sie die Kompresse bei Bindehaut- und Lidentzündungen.

HINWEIS

Verwenden Sie morgens Augentrost- und abends Schwarztee.

HEILPFLANZEN FÜR DIE LIPPEN

AN DEN LIPPEN tritt häufig der von Viren verursachte Lippengrind auf, der schwere Verläufe nehmen kann.

HINWEIS

Es besteht auch für uns Menschen Infektionsgefahr, daher sind Handschuhe und gute (Hand-)Hygiene beim Behandeln Ihres Tiers sehr wichtig!

PFLEGENDER TEE BEI LIPPENGRIND

- 15 g Blutwurzwurzel
- 20 g Zaubernussblätter und -rinde
- 15 g Salbeiblätter
- 20 g Ringelblumenblüten
- 15 g Gänseblümchenblüten
- 15 g Ackerstiefmütterchenkraut
- gegebenenfalls Sonnenhuttinktur (in abgekühlten Tee 20 Tropfen der Tinktur geben)

1 EL der Mischung mit 250 ml heißem Wasser übergießen. Lassen Sie den Tee zugedeckt 10 Minuten ziehen und klopfen das Kondenswasser am Deckel in den Tee zurück. Den Tee abkühlen lassen. Die Wunde vorsichtig mit einer kleinen Teekompresse punktuell abtupfen, gegebenenfalls kurz belassen, um Krusten damit einzuweichen.

HINWEIS

Lippengrind ist eine infektiöse Wunde. Geben Sie acht, dass Sie die Viren bei der Behandlung nicht auf den Lippen Ihres Tiers verteilen.

PROPOLIS-HAUTPFLEGE BEI LIPPENGRIND

- 100 ml Wasser mit 10 Tropfen Propolistinktur mischen

Reinigen Sie das Hautareal mit der Lösung, ohne die Viren noch mehr zu verteilen (von außen nach innen vorgehen) und lösen Sie vorsichtig eventuelle Borken. Getrocknete Hautstellen können Sie mit Johanniskrautöl betupfen.

Propolis ist ein altbewährtes Hausmittel bei Wunden und Verletzungen.

HEILPFLANZEN FÜR DIE OHREN

IM RAHMEN VON Erkältungskrankheiten kann es auch zu Ohrenbeschwerden kommen. Hier kommen die Klassiker zum Zug.

JOHANNISKRAUTÖL BEI OHRENSCHMERZEN UND OHRENENTZÜNDUNG

- 10 ml Johanniskrautöl
- 30 Tropfen ätherisches Lavendelöl

Zutaten mischen, auf etwas Schafwolle oder Watte geben und in den Gehörgang der Tiere stopfen. Dort belassen, gegebenenfalls 2-mal täglich wiederholen.

ZWIEBELSÄCKCHEN BEI OHRENSCHMERZEN UND OHRENENTZÜNDUNG

- 1–2 große Zwiebeln

Zwiebeln klein schneiden und in dünne Baumwollsocken geben. Diese im Stall verteilen, sodass die Tiere die Dämpfe einatmen können. Bei zahmen Tieren das Säckchen zwischen zwei Wärmflaschen erwärmen (nicht zu heiß), hinter dem Ohr auflegen und mit einer Bandage oder einem Schal fixieren. Dem Tier zeitgleich viel lauwarmes Wasser oder dünne Kräutertees anbieten. Bei beginnender Erkältung, stockendem Schnupfen oder schwerer Atmung wirkt das Zwiebelsäckchen schleimhautabschwellend, bringt den Schnupfen zum Fließen und erleichtert das Atmen.

INHALATION MIT KAMILLE UND MEERSALZ BEI OHRENSCHMERZEN UND OHRENENTZÜNDUNG

- 3 l kochendes Wasser
- 2 EL Kamille
- 1 EL Thymian
- 1 EL Meersalz
- großer Eimer
- großes Handtuch oder Decke

Das Tier im Fressgitter fixieren. Die Kräuter und das Salz in den Eimer geben und diesen in der Nähe, aber noch außerhalb des Bewegungsradius des Tiers stellen. So kann es die Dämpfe inhalieren, sich aber nicht daran verbrennen. Die Zutaten mit dem heißen Wasser übergießen. Das Inhalat (Wasserdampf) mit Handtuch oder Decke zum Tier leiten. 1–2-mal täglich das Tier für 10–15 Minuten inhalieren lassen beziehungsweise so lange, wie es gut mitmacht und entspannt. Anschließend abtrocknen, warmhalten und Zugluft vermeiden und noch etwas ruhen lassen.

HEILPFLANZEN ZUR KLAUENPFLEGE

HABEN ZIEGEN UND SCHAFE ausreichend Bewegung und laufen viel auf hartem Boden, nützen sich die Klauen gut ab, sodass sie eher selten geschnitten werden müssen. Dies ist nicht der Fall, wenn sie mehr im Stall und auf der Weide stehen. Hier müssen die Klauen regelmäßig kontrolliert und alle 3–4 Monate geschnitten werden. Durch weiche Böden wachsen die Seitenwände der Klauen verstärkt und biegen sich nach innen oder außen um. Das zerrt und überdehnt die Sehnen und die Tiere haben Schmerzen.

Zur Pflege und zum vorbeugenden Schutz von Klauen und Klauenzwischenräumen vor sprödem, rissigem Horn, Entzündungen im Klauenbereich, Panaritium (Klauenfäule), Erkrankungen der hornproduzierenden und ernährenden Lederhaut oder Klauengeschwür können Sie diese mit Pflanzenauszügen kräftigen und unterstützen.

Bei Zwischenzehenverletzungen hilft eine frische Gierschauflage.

KLAUENREINIGUNGSBAD

Für den Tee:

- 150 g Eichenrinde
- 150 g Walnussblätter
- 200 g Schachtelhalmkraut

10 EL der Mischung mit 1 l Wasser aufkochen und zugedeckt 10 Minuten köcheln lassen. Tee durch ein Sieb abgießen und abkühlen lassen, bis er lauwarm ist.

Für die Tinktur:

- je 20 g Ringelblumen- und Kamillenblüten
- je 25 g Salbei- und Brennnesselblätter
- je 20 g Thymian- und Johanniskraut
- 25 g Schachtelhalmkraut
- 20 g Spitzwegerichblätter
- 20 g Sonnenhut (blühendes Kraut)

Ein Schraubglas locker zu ⅔ mit der Kräutermischung füllen und an einem hellen, nicht sonnigen Ort für 3 Wochen ausziehen lassen. 3 l Tee und ½ l Tinktur mischen und die zuvor gesäuberten Klauen für 4 Minuten darin baden. Tiere anschließend auf einem sauberen, trockenen Platz belassen, damit die Klauen abtropfen und trocknen können. Diese dann mit Klauenbalsam (siehe das folgende Rezept) pflegen.

KLAUENBALSAM

- alter Topf oder leere Konservendose
- 50 g angestoßene Wacholderbeeren oder Lorbeeren oder fettes Lorbeeröl
- 30 g Kiefern-, Lärchen- oder Fichtenharz
- 350 ml kalt gepresstes Olivenöl
- 35 g Bienenwachs

Das Harz und die Beeren im Mörser zerkleinern und mit dem Olivenöl in einem alten Topf oder einer leeren Konservendose für 2–3 Stunden bei 60–70 °C ausziehen lassen. Durch ein altes Tuch oder einen Strumpf abseihen und erneut in den gesäuberten Topf geben. Nun das Bienenwachs hinzugeben und schmelzen. Kurz weiterrühren, dann den Balsam in Salbendosen füllen und abgedeckt stehen lassen, bis er kalt und fest ist. Etikettieren. Harzbalsam ist länger als 1 Jahr haltbar.

HINWEIS

Klauenbalsam mit fettem Lorbeeröl regt das Klauenwachstum an und pflegt spröde, rissige und unregelmäßige Klauen, wenn Sie den oberen Klauenrand regelmäßig damit einmassieren. Vor dem Nässekontakt aufgetragen dient der Balsam als Schutz vor Feuchtigkeit. Auf die feuchten Klauen aufgebracht schützt er diese vor dem Austrocknen (nach feuchten Umschlägen oder dem Gang durch nasses Gras). Er hilft gut bei entzündlichen Huf- und Klauenerkrankungen sowie bei Panaritium und Klauengeschwür.

PFLEGENDER, ENTZÜNDUNGSHEMMENDER KLAUENÖLAUSZUG

450 ml Olivenölauszug aus:

- 20 g Ringelblumenblüten
- 20 g Kamillenblüten
- 20 g Salbeiblätter oder Thymiankraut
- 20 g Johanniskraut
- 20 g Brennnesselblätter
- 40 g Bienenwachs
- 40 g fettes Lorbeeröl
- Je 20 Tropfen ätherisches Niaouli-, Lärchen- und Lorbeeröl

HONIGSPRAY BEI KLAUENVERLETZUNGEN UND KLAUENABSZESSEN

- 250 ml Honig
- 250 ml warmes Wasser (30 °C)
- 10 ml Propolistinktur
- gegebenenfalls 250 ml Glycerin (Klauenpflegemittel)

Alle Zutaten in eine Sprühflasche geben und gut schütteln. Bei Verletzungen an den Klauen oder schlecht heilenden, infizierten Wunden 2–3-mal täglich die betroffene Partie besprühen. An einem konstant temperierten und dunklen Platz aufbewahren und innerhalb eines Jahres verbrauchen. Dieses Rezept verdanke ich Birgit Gnadl, Schweiz.

Den pflegenden Balsam mit klauenstärkenden Inhaltsstoffen tragen SIe am besten mit dem Pinsel auf.

BOCKSHORNKLEE-BREIUMSCHLAG BEI KLAUENENTZÜNDUNG

Dieses Kataplasma wirkt entzündungshemmend, desinfizierend und entquellend.

- 50 g Bockshornkleesamen, grob gemahlen
- ¼ l heißes Wasser

Zutaten zu einer Paste verrühren, auf ein Tuch streichen oder in eine alte Socke füllen. Den Umschlag auf die entzündete Klaue legen und fixieren.

BREITWEGERICH-KOMPRESSE BEI KLAUENENTZÜNDUNG

Diese Kompresse wirkt entzündungshemmend, keimhemmend und wundheilungsfördernd:

Frische, saubere Breitwegerichblätter anquetschen, auf die entzündeten Stellen auflegen und fixieren.

KOHLAUFLAGE BEI ENTZÜNDUNGEN VON EUTER UND KLAUEN SOWIE BEI ABSZESSEN UND FURUNKELN

- Kohlblätter

Blätter waschen und trocken tupfen. Die Mittelrippe der Weißkohlblätter entfernen und mit Wellholz oder leerer Flasche das Blatt anquetschen, bis der Saft austritt. Bei Euterentzündungen die gequetschten Kohlblätter mit einem Euternetz oder Zitzenschutz anlegen oder mit einem langen Tuch (Schal) um den Körper fixieren. Bei Entzündungen der Fessel das Blatt zwischen die sauberen Klauen drücken und um die Fessel legen, mit einer Binde fixieren (gegebenenfalls einige Lagen Watte über den Kohl legen, da sich verstärkt Sekret bilden kann) und mehrere Stun-

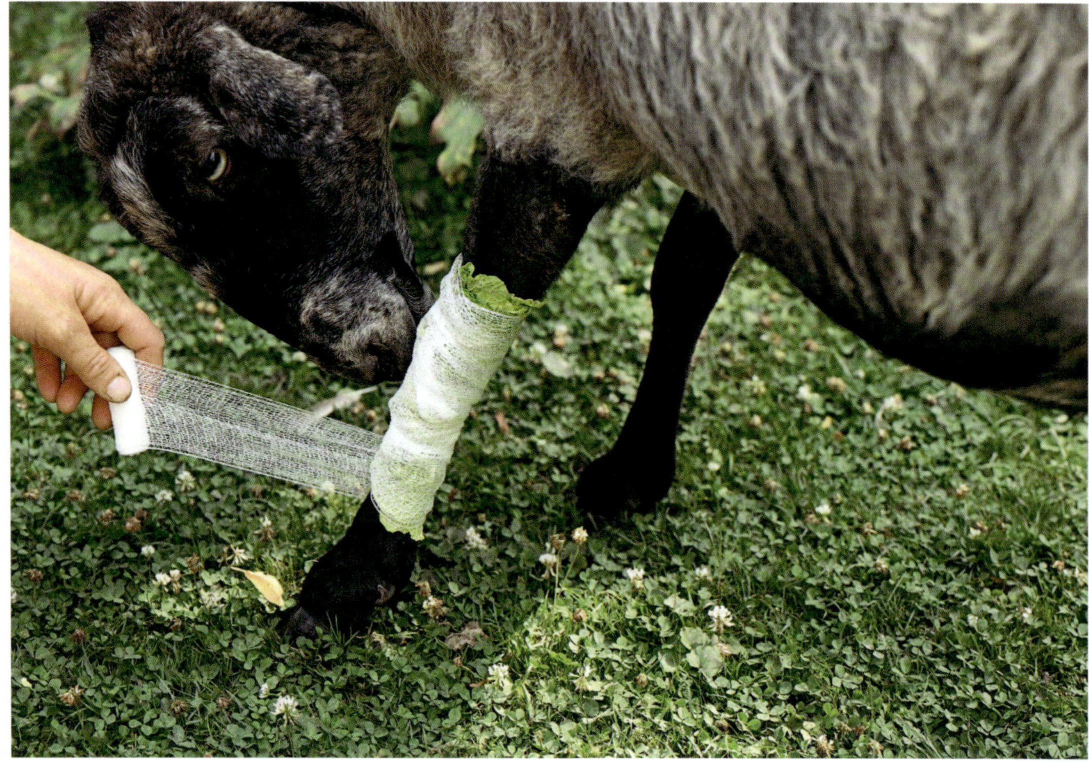

Abschwellende Kohlauflagen beugen

den belassen – dabei das Tier beobachten. Bei Unruhe und Widerstand (anfangs ist das Auftreten von Schmerzen möglich) die Auflage früher abnehmen. Anschließend die Auflagestelle mit Kräutertee oder warmem Wasser säubern.

PROPOLIS BEI KLAUEN- UND HAUTINFEKTIONEN

Propolis besteht aus harzigen Pflanzenextrakten, die die Biene von Knospen abschält und mit ihrem Speichel vermischt in den Bienenstock bringt. Es wirkt wasserabweisend, antibakteriell gegen grampositive und gramnegative Bakterien, antiviral gegen Herpes-simplex-Viren und antimykotisch gegen Fadenpilze der Haut. Als Tinktur, Pulver oder Tropfen ist es auch in Bio-Qualität in Drogerien, Naturkostläden und im Internet erhältlich. Bei großflächigen Herden die Propolistinktur 1:5 bis 1:10 mit Wasser verdünnt 2-mal täglich auflegen, bei kleinen Herden 10%ige Tinktur alle 2–3 Tage unverdünnt auflegen.

HEILPFLANZEN FÜR MILCH-DRÜSEN UND MILCHBILDUNG

DAS EUTER VON ZIEGEN UND SCHAFEN besteht aus zwei Milchdrüsen mit zwei Zitzen. Um oder während der Geburt kommt es zum Milcheinschuss. Diese erste Milch ist sehr reich an Abwehrstoffen – besonders gegen Keime aus dem Umfeld der Tiere. Sie heißt Kolostrum oder Biestmilch und schützt das Neugeborene vor Infektionen in den ersten Lebenswochen. Biestmilch ist für das Tier lebenswichtig und die Basis, um das Mikrobiom im Darm und damit das eigene Immunsystem aufzubauen. Milchdrüsen und Milchbildung gesund zu erhalten spielt daher für Ihre Herde eine wichtige Rolle.

Welche Ursachen haben Erkrankungen der Milchdrüsen oder Milchmangel?

→ schlechter Allgemeinzustand der Mutter
→ lange und schwere Geburt
→ Infektionen der Milchdrüsen durch aufsteigende Bakterien und Viren
→ Schlag-/Stoßverletzungen
→ Warzen, Euterpocken, Infektionsübertragung durch Kitze
→ fehlerhafte Melkmaschinen

Wie erkennen Sie Erkrankungen der Milchdrüsen oder Milchmangel?

→ Rückgang der Milchmenge, hungrige, geschwächte Kitze oder Lämmer
→ Abwehr beim Melken oder beim Säugen der Lämmer
→ Schwellung, Rötung, Erwärmung, Schmerz
→ Kratzer, Risse, Bläschen, Pickel und andere Hautveränderungen an Milchdrüsen oder Zitzen
→ Veränderungen an der Milch; Blut, Eiter, Flocken
→ Fieber, Unwohlsein, Apathie

Wann können Sie Heilpflanzen erfolgreich einsetzen?

→ zur Euter- und Zitzenpflege
→ bei rissigen, trockenen Zitzen
→ bei Milchmangel und Milchstau
→ bei Euterentzündungen

HINWEIS

Seien Sie immer vorsichtig mit Arzneien bei lebensmittelliefernden Tieren (Milch, Fleisch). Wirkstoffe können über die Haut aufgenommen werden und beim Verzehr des Tiers auch auf den Menschen übergehen! Am Euter gilt besondere Vorsicht, da die Haut hier dünn und das Euter stark durchblutet ist. Bei lokalen Anwendungen (etwa mit Kampferbalsam) halten Sie daher vorher unbedingt Rücksprache mit dem Tierarzt. Einschränkungen bei der Verabreichung von Medikamenten wie etwa Antibiotika sind im Heilmittelgesetz (EU: Arzneimittelgesetz) festgelegt.

TEE MIT MILCHBILDUNGSFÖRDERNDEN KRÄUTERN

- Anis
- Fenchel
- Kümmel
- Brennnesselblätter und -samen

Kräuter zu gleichen Teilen mischen. 1 EL der Mischung im Mörser anstoßen und mit 250 ml heißem Wasser übergießen. Zugedeckt 10 Minuten ziehen lassen, Kondenswasser wieder in den Tee zurückklopfen. Dem Tier davon mehrfach täglich zu trinken anbieten und gegebenenfalls eingeben.

SALZ ODER PULVER ZUR FÖRDERUNG DER MILCHBILDUNG

Die obige Kräutermischung kann auch als Salz oder Pulver verabreicht werden. Dazu mischen Sie 2 EL angestoßene oder pulverisierte Samen mit 1 EL Viehsalz und bieten es dem Muttertier über den Tag verteilt an.

TEE ZUR MILCHBILDUNG UND KRÄFTIGUNG DES MUTTERTIERS

- 3 EL Bockshornkleesamen, angestoßen
- 1 EL Brennnesselsamen
- 350 ml kaltes Wasser

Samen im kalten Wasser ansetzen und für drei Stunden zugedeckt ziehen lassen. Anschließend kurz erwärmen und abgießen. Dem Tier anbieten, ins Futter mischen oder direkt verabreichen.

RINGELBLUMENBALSAM FÜR RAUE, RISSIGE ZITZEN

- 100 ml Oliven- oder Johanniskrautöl
- 10 g Bienenwachs
- 10 g getrocknete Ringelblumenblüten
- 20 g frische Blüten (immer ganze Köpfchen)

Die Kräuter zerkleinern und in ein Glas mit dem Öl geben. Dies ½–1 Stunde im Wasserbad simmern lassen, gegebenenfalls noch über Nacht stehen lassen. Den Ansatz durch ein feines Sieb abgießen und erneut in ein sauberes Glas ins Wasserbad geben. Das Bienenwachs hinzugeben und rühren, bis es sich aufgelöst hat. Anschließend den flüssigen Balsam in kleine Salbendöschen füllen und bei offenem Deckel abkühlen und aushärten lassen. Etikettieren mit Angabe von Inhaltsstoffen und Herstellungsdatum (6–12 Monate haltbar). Zweimal täglich nach dem Melken auf das Euter auftragen.

JOHANNISKRAUT-RINGELBLUMEN-ÖL-SPRAY BEI ENTZÜNDUNGEN, SCHMERZEN, SCHLECHT HEILENDEN WUNDEN UND ZUR NARBENPFLEGE

- Johanniskraut und komplette Ringelblumenblüten
- Olivenöl

Frisches, sonnenverwöhntes Johanniskraut (blühende und verblühte Pflanzenteile) sowie ganze Ringelblumenblüten zerkleinern und locker in ein Schraubglas füllen. So weit mit Olivenöl füllen, dass alle Pflanzenteile 1–2 cm mit Öl bedeckt sind. Sonst besteht Gefahr, dass der Ölansatz zu schimmeln beginnt. An einem warmen hellen Fensterplatz (nicht in der Sonne) für 3 Wochen ausziehen lassen. Das Glas jeden Tag bewegen, damit sich Öl und Pflanzenteile vermischen, und darauf achten, dass anschließend wieder alles Pflanzenmaterial mit Öl bedeckt ist. Abseihen und in eine Sprühflasche füllen. Das Öl auf Euter und Zitzen sprühen und einmassieren. Falls das Tier bei stark schmerzendem Euter Abwehrreaktionen zeigt, nur einsprühen.

ARNIKABALSAM FÜR STUMPFE EUTERVERLETZUNGEN

- 30 g Arnikablüten
- 350 ml Olivenöl
- 35 g Bienenwachs

Die Arnikablüten zerkleinern (zupfen), in ein 500-ml-Glas geben, bis zum Rand mit Olivenöl auffüllen und im Wasserbad simmern lassen. Zu einem Balsam weiterverarbeiten (siehe Rezept Seite 37). Den Balsam vorsichtig an den Schwellungen oder Verhärtungen einmassieren.

HINWEIS

Bei stumpfen Euterverletzungen können Sie auch entzündungshemmenden, resorptionsfördernden und schmerzstillenden Beinwell als Balsam oder Kataplasma (siehe Seite 40) verarbeiten.

Ein Brennnesselaufguss fördert nicht nur die Milchbildung, sondern wirkt zudem als Kraftmittel.

Bei Euterentzündungen bringt eine Quarkauflage Linderung.

ERSTE HILFE FÜR UNTERWEGS

Dieses Rezept hilft bei Stichen, kleinen Wunden, Schwellungen und von Stichen verursachtem Juckreiz.

- Frische Spitz- und Breitwegerichblätter

Spitzwegerichblätter zu einem Knoten winden und zwischen den Handflächen zerreiben, bis der Saft austritt. Diesen auf betroffene Stellen tupfen. Falls möglich, mit einem großen Breitwegerichblatt abdecken und fixieren.

QUARK-KAMILLEN-AUFLAGE BEI EUTERENTZÜNDUNGEN

Dieses Rezept lindert Entzündungen, Schwellungen und Schmerzen allgemein.

- 200 g frischer Quark (zimmerwarm)
- 50 ml Kamillen- und Ringelblumentee

Zutaten zu einem gut streichbaren Brei mischen und mit der Hand oder einem Holzspatel fingerdick (1–2 cm) auf das entzündete Euter streichen. Antrocknen lassen und den getrockneten Quark dann abbröseln lassen.

Bei Schwellung, Hitze und Schmerz zum Beispiel an Gelenken den Quark finderdick auf ein Tuch streichen und die vier Seiten zu einem Päckchen zusammenklappen (siehe Foto Seite 130). Dieses auf die Schwellung legen und mit einer Mullbinde fixieren. So lange belassen, wie der Quark angenehm kühl ist, dann entfernen, da es zu einem Wärmestau kommen kann, der die Wirkung aufhebt.

ESSIG-HEILERDE-AUFLAGE

- Heilerde
- Apfel- oder Kräuteressig

Die Zutaten zu einem streichfesten Brei mischen und fingerdick (1–2 cm) auf das Euter streichen. Abtrocknen lassen.

ESSIGAUFLAGE

- Essig
- Tuch

Das betroffene Euter mit einem im Essig getränkten Tuch kühlen und vorsichtig ausmelken.

HINWEIS

Eine Essigauflage, vor dem Melken aufgelegt, ermöglicht das Ausmelken des betroffenen Viertels.

KÜHLENDER MEHL-SALZ-BREIUMSCHLAG (JENZERWURZ)

- 3 Teile Salz
- 2 Teile Weizenmehl
- Wasser

Sobald Anzeichen einer Euterentzündung auftreten, die Zutaten zu einer streichfähigen Paste mischen. Diese auf das betroffene Euter streichen, gleichzeitig massieren. Dabei vorsichtig ausmelken.

ALOE-ESSIG ZUR INSEKTENABWEHR AM EUTER

- 2 EL püriertes Aloe-Gel
- 100 ml Apfelessig

Zutaten in ein Sprühfläschchen geben, die juckenden Bereiche, Insektenstiche oder Ekzeme mehrmals täglich einsprühen.

Service

STALLAPOTHEKE

UM BEI GESUNDHEITLICHEN PROBLEMEN schnell reagieren zu können, sollten Sie einige fertige Erste-Hilfe-Präparate in Ihrer Stallapotheke parat haben. Diese können Sie größtenteils gut selbst herstellen.

Wintervorrat für schlechte Zeiten: Brennnesseln nutze ich das ganze Jahr.

Grundausstattung

Zur Grundausstattung der Stallapotheke gehören folgende Hilfsmittel:

- Fieberthermometer
- Eingabestab für Tabletten
- Stricke, Fettstift zum Markieren
- elastische Binde, Polstermaterial, gegebenenfalls Gipsverband
- Klebeband
- Klauenmesser, Klauenspray
- phytotherapeutische und homöopathische Mittel
- Kompressen, Leinenläppchen
- Eimer, großes Tuch
- Wasserkocher, Teekanne mit Deckel

Als Basismaterialien für die Herstellung und Anwendung von Heilpflanzen dienen Viehsalz, Essig, Oliven- oder Sonnenblumenöl, Heilerde und alkoholische Tinkturen. Die folgenden Notfallzubereitungen für Ihre Stallapotheke sind nach Krankheitsbildern sortiert.

Verdauungstrakt

- Tee bei Magenkrämpfen und Schleimhautentzündung (Teemischung Seite 93)
- Verdauungsförderndes Viehsalz (Seite 96)
- Vier-Winde-Tee (Teemischung bei Blähungen, Seite 99)
- Bitterer Strohstrick (Seite 101)
- Elektrolytlösung für Wiederkäuer (Seite 102)
- Durchfallsalz (Seite 103)

Atemwege

- Erkältungstee bei Apathie und Fieber (Teemischung, Seite 110)
- Anti-Infekt-Tinktur (Seite 110)
- Auswurffördernde Teemischung (Seite 111)
- Inhalation mit krampflösenden Heilpflanzen (Seite 112)
- 1 Packung Leinsamen (bei trockenen, gereizten Schleimhäuten)

Harnwege

- Desinfizierender, durchspülender Niere-Blasen-Tee (Mischung Seite 118)

Haut und Wunden

- Wundtinktur für frische Schürfwunden (Seite 122)
- Erste-Hilfe-Wundpulver bei blutenden Wunden (Seite 123)
- Propolistinktur (Seite 123)
- Erste-Hilfe-Öl oder Erste-Hilfe-Emulsion für Hämatome (Seite 131)
- Johanniskrautöl (Grundrezept Ölmazerat Seite 36)
- Arnikatinktur (Grundrezept Tinktur Seite 34)
- Ringelblumensalbe für Wund-und Narbenpflege (Seite 124)
- Beinwellsalbe (Kytta) (Seite 129)
- Retterspitz (Seite 131)
- Aloe-Eis-Stick (Seite 125)
- 1 Packung Heilerde
- Anti-Zecken-Fett (Seite 132)
- Anti-Fliegen-Spray (Seite 133)

Lippe, Auge, Ohr

- Propolis-Hautpflege bei Lippengrind (Seite 137)
- Johanniskrautöl bei Ohrenschmerzen und Ohrenentzündung (Seite 138)
- Fenchelsamen und Kamillenblüten

Klauen

- Klauenbalsam (Seite 140)

Euter

- Salz oder Pulver zur Förderung der Milchbildung (Seite 144)
- Ringelblumenbalsam für raue, rissige Zitzen (Seite 145)

Aloe-Eis ist eine schnelle Erste-Hilfe-Maßnahme bei Stichen, Verbrennungen und stumpfen Verletzungen.

SEKUNDÄRE PFLANZENSTOFFE VON HEILKRÄUTERN

HEILPFLANZEN NACH INHALTSSTOFFGRUPPEN (ABSTEIGENDER WIRKSTOFFGEHALT)

Gerbstoffe	Flavonoide	Schleimstoffe	ätherische Öle	Saponine
Blutwurz	Ringelblume	Leinsamen	Schafgarbe	Königskerze
Brombeere	Königskerze	Flohsamen	Pfefferminze	Gänseblümchen
Himbeere	Stiefmütterchen	Malve	Kamille	Schlüsselblume
Eiche	Sanddorn	Eibisch	Rosmarin	Efeu (Fertigpräparat)
Gänsefingerkraut	Walnuss	Stockrose	Thymian	Birke
Salbei	Weißdorn	Gänseblümchen	Melisse	Goldrute
Walnuss	Zaubernuss	Beinwell	Engelwurz	Süßholz
Zaubernuss	Arnika	Spitzwegerich	Anis	Linde
Frauenmantel	Birke	Ringelblume	Fenchel	Holunder
Heidelbeere	Goldrute	Aloe	Kümmel	Veilchen
	Johanniskraut	Isländisch Moos	Lavendel	Vogelmiere
	Holunder			
	Linde			
	Kamille			
	Brennnessel			
	Johanniskraut			
	Mädesüß			
	Schafgabe			
	Mariendistel			
	Ackerschachtel-halm			

BEZUGSQUELLEN FÜR FERTIGPRÄPARATE

Pflanzliche Arzneimittel:
www.heel.de

Pflanzliche und homöopathische Arzneimittel:
www.vetepedia.de
www.plantavet.de

Homöopathische Arzneimittel:
www.ziegler-tierarznei.de

Pflanzliche Arzneimittel und Ergänzungsfuttermittel:
www.schaette.de

ZUM WEITERLESEN

- Cäcilia Brendieck-Worm, Matthias F. Melzig (Hrsg., 2018): Phytotherapie in der Tiermedizin. Thieme-Verlag, Stuttgart.
- Cäcilia Brendieck-Worm, Franziska Klarer, Elisabeth Stöger (2015): Heilende Kräuter für Tiere – Pflanzliche Hausmittel für Heim- und Nutztiere. Haupt Verlag, Basel.
- Leopold Aichberger, Martina Bizaj, Florian Fritsch, Doris Gansinger et al. (2006): Kräuter für Nutz- und Heimtiere – Ratgeber für die Anwendung ausgewählter Heil- und Gewürzpflanzen. Eigenverlag.
- Franziska Klarer, Elisabeth Stöger, Beat Meier (2013): Jenzerwurz und Chäslichrut – Pflanzliche Hausmittel für Rinder, Schafe, Ziegen, Schweine und Pferde. Haupt Verlag, Basel.
- Fred Provenza (2018): Nourishment – What animals can teach us about rediscovering our nutritional wisdom. Chelsea Green Publishing.
- Cindy Engel, Martina Scholz (2005): Wild Health – Gesundheit aus der Wildnis. animal learn Verlag.
- Johannes Winkelmann (2014): Schaf- und Ziegenkrankheiten (Patient Tier). 4. Auflage, Verlag Eugen Ulmer, Stuttgart.
- Hans Späth, Otto Thume, Johann-Georg Wenzler (2019): Ziegen halten. Verlag Eugen Ulmer.
- Giorgio Hösli, Kaspar Schuler, Martin Bienerth et al. (2012): Neues Handbuch Alp – Handfestes für Alpleute – Erstaunliches für Zaungäste. Zalpverlag.
- Ursel Bühring (2020): Lehrbuch Heilpflanzenkunde – Grundlagen – Anwendung – Therapie. 5. Auflage, Haug Verlag.
- Ursel Bühring, Michaela Girsch (2016): Praxis Heilpflanzenkunde. Haug Verlag.

REGISTER

A

abschwellender, stabilisierender Schachtelhalmtee 136
Abszess 126, 141
abwehrstärkende Vitaminkugeln 114
Abwehrstärkung 114
Ackerschachtelhalm 20
Ackerstiefmütterchen 20, 21, 23, **46**
adstringierende Augenkompresse 136
Aloe 21, **47**
Aloe-Eisstick 125
Aloe-Essig 126
Aloe-Essig zur Insektenabwehr am Euter 147
Aloe-Gel bei Juckreiz 126
Aloe-Gel bei Sonnenbrand 125
Anis 22, **47**
Anti-Fliegen-Spray 133
Anti-Infekt-Tinktur 110
Anti-Insekten-Spray 133
Anti-Zecken-Fett 132
Apathie 110
Appetitlosigkeit 94, 95
Arnika **48**
Arnikaauflage 128
Arnikabalsam für stumpfe Euterverletzungen 145
Artischocke 20, **49**
Atemwege 151
Atemwegserkrankung 106, 107, 110
Atemwegsstärkung 105, 106
ätherische Öle 21, 152
Ätherisch-Öl-Drogen 22
Ätherisch-Öl-Pflanzen 17
Aufgasen 98, 99
Auge 135, 151
Augenkompresse 39, 136
Augentrost **49**
Augentrosttee als adstringierende Augenkompresse 136
Ausschlag 134
auswurffördernde Teemischung 111

B

Bäder 43
Beinwell **50**
Beinwell-Kataplasma 129
Biestmilch 143
Bindehautentzündung 136
Birke 20, 23, **51**
Bisse 134
Bitterelixier 101
Bitterelixier bei Verdauungsschwäche 96
Bitterstoffdrogen 19
Bitterstoffe 18, 91
Bitterstoffpflanzen 16
blähungswidriges Kräutersalz 100
Blasenentzündung 115, 118
Blasenkompresse 118
Blasensteine 118
Blasentzündung 116
Blütenschleime 109
Blutwurz 19, **52**
Bockshornklee-Breiumschlag bei Klauenentzündung 141
Brandverletzungen 125
Breitwegerich-Kompresse bei Klauenentzündung 141
Brennnessel **53**
Bronchitis 111

C

Coolpack aus Quark 130

D

Dampfinhalation 42
Darmgesundheit 15
Darmperistaltik 97
Darmträgheit 96
desinfizierender, durchspülender Nieren-Blasen-Tee 118
desinfizierender, harntreibender Nieren-Blasen-Tee 118
Droge 33
Durchfall 19, 101, 102
Durchfalldekokt 102
durchfallhemmende Leckerei 103
Durchfallsalz 103
Durchfalltee 102
Durchfalltinktur 103

E

Efeu 23, 107
Eibisch 21, **54**
Eiche 19, **55**
Eichenrinde 19
Eis-Spray bei stumpfen Verletzungen 131
Ektoparasiten 134
Elektrolytlösung 102
Elektrolytlösung bei Lämmerdurchfall 104
Engelwurz 22, 56
entblähender Tee 100
entblähende Tinktur 100
entzündungshemmender Kamillenblütentee 135
Enzian, Gelber 57
Epithelisierungsphase 121, 124
Erbsenkissen 41, 130
Erkältung 108
Erkältungstee
– bei Apathie und Fieber 110
– mit abwehrsteigerden Kräutern 110
Ernährung, ausgewogene 12
erste Hilfe 123, 128, 131
– für unterwegs 147
Essigauflage 147
Essig-Heilerde-Auflage 147
Essig-Lehm-Kataplasma 129

Fettgedruckte Seitenzahlen weisen auf ausführliche Pflanzenporträts hin.

Eukalyptusöl-Blasenkompresse 118
Euter 151
Euterentzündung 143, 147
Euterverletzung 143, 145

F

Fenchel 22, **58**
Fencheltee 136
Fette Öle, Unterstützung d. Verdauung 97
Fichte **59**
Fieber 110
Flavonoide 20, 152
flavonoidhaltige Pflanzen 17
Flohsamen 21
Frauenmantel **59**
Fressbremse, natürliche 15
Frischpflanzenauflage 40
Frischpflanzenumschlag 128
Furunkel 126, 141
Futterfehler 91
Futterwahl 13, 14

G

Gänseblümchen 21, 23, **60**
Gänsefingerkraut 19, **60**
Gerbstoffe 19, 152
Gerbstoffpflanzen 17
Geruchsgedächtnis 12
Geschmacksgedächtnis 12
Gewürzöl gegen Aufgasen, Krämpfe und schaumige Gärung 100
Gifte, Ausscheidung von 14
Giftpflanzen 24
Goldrute 20, 23, **61**
Granulationsphase 121
grippale Infekte 113
Grippetee
- für festsitzenden Husten 113
- für krampfartigen Husten 113

Grundrezepte
- Augenkompresse 39
- Bissen, Pillen, Kugeln 35
- Coolpack aus Quark 41
- Dampfinhalation 42
- Dekokt 33
- Erbsenkissen 41
- Frischpflanzenauflage 40
- Infus 32
- Kataplasma 40
- Klauenbad 43
- Kompresse 38
- Kräutersalz 31
- Latwerge 34
- Mazerat 33
- Mazerationsdekokt 33
- Ölauflage 39
- Ölmazerat 36
- Pulver 31
- Salbenauflage 40
- Salbe und Balsam 37
- Schüttellotion 38
- Tinktur 34
- weiche, pflegende Salbe 37
- Zugsalbe 37

Gundermann 62

H

Hämatomöl 131
Hängebirke 51
Harnsteine 115, 117
Harnwege 115, 151
Harnwegsinfekt 117
Harzbalsam b. Abszessen u. Furunkeln 126
Haut 119, 151
hautberuhigender Tee 126
Hautflora 119
Hautinfektion 142
Hautkrankheiten 120
Hautpflege 119
Hautpilz 134
Heidelbeere 19, **63**

Heilpflanzen
- bei Atemwegserkrankung 107
- bei Harnwegsinfekten 117
- bei Verdauungsbeschwerden 92
- gegen Aufgasen und Koliken 99
- gegen Durchfall 102

Heilpflanzenernte 27
Hirtentäschel **63**
Holunder 23, **64**
Holunderblüten 20
Honigauflage 127
Honigspray bei Klauenverletzungen und Klauenabszessen 141
Huflattich 21
Husten 110, 111
hustenreizlindernder Sirup oder Viehsalzmischung 111

I

immunstärkender Heilpflanzentee 108
immunstimulierende Tinktur 114
Immunsystem 14, 15, 90, 143
Infektanfälligkeit 114
Infekt, grippaler 113
Ingwer **64**
Inhalation 42
- mit aromatischen Heilpflanzen bei Schnupfen 108
- mit Kamille und Meersalz bei Ohrenschmerzen und Ohrenentzündung 138
- mit krampflösenden Heilpflanzen 112

Insektenabwehr 133, 147
Insektenstiche 125
Isländisch Moos 21

J

Jenzerwurz 147
Johanniskraut 20, **66**
Johanniskrautöl
- bei Ohrenschmerzen und Ohrenentzündung 138
- für Wundrand- und Narbenpflege 124

Johanniskraut-Ringelblumen-Öl-Spray 145
Juckreiz 125, 126

K

Kamille 20, 22, **67**
Kamillenblütentee 135
Kartoffelauflage 127
Kastanie 20
Kataplasma 40
Klauen 151
Klauenbad 43
Klauenbalsam 140, 141
Klauenentzündung 141, 142
Klauenpflege 139
Klauenreinigungsbad 140

Kohlauflage bei Entzündungen von Euter und Klauen 141
Kolik 98, 99
Kolostrum 143
Kompresse 38
Kompressionsverband 128
Königskerze 20, 21, 23
Körperwahrnehmung von Tieren 12
Kräftigung 144
Krämpfe 100
krampflösender, die Harnwege durchspülender Tee 118
krampflösende Teemischung bei krampfartigem Husten 112
Krankheitszeichen 88
Kräutersalz 31
- bei Appetitlosigkeit 95
- bei Aufgasen 100
- bei Durchfall 103
kühlende Augenkompresse 136
kühlender Mehl-Salz-Breiumschlag 147
kühlender Umschlag mit Heilpflanzen 129
Kümmel **68**

L

Lämmerdurchfall 104
Latwerge 34
- bei Appetitlosigkeit und Verdauungsschwäche 94
- bei Aufgasen 100
- bei Verstopfungsneigung 97
Lein 21, 69
Leinsamen 21
Leinsamenschleim zur Schleimhautpflege 93
Lidentzündung 136
Linde 23, **70**
Lindenblüten 20
Lippen 137, 151
Lippengrind 137
Löwenzahn **71**
Lungenentzündung 107

M

Mädesüß 20, **71**
Magenkrämpfe 93
Malve 21, **72**
Mariendistel 20, **73**
Mehl-Salz-Breiumschlag 147
Melisse 19, 22, **73**
Mikrobiom 90, 143
Milchbildung 143, 144
Milchdrüsen 143
Milchmangel 143
Milchstau 143
Minze 22
Moorbirke 51

N

Narbenbildung 124
Narbenpflege 124
Nieren 115
Nieren-Blasen-Tee 118
Notfallzubereitungen 150
Nüstern 108, 109

O

Ohr 138, 151
Ohrenentzündung 138
Ohrenschmerzen 138
Ölauflage 39
Ölauszug 36
Ölmazerat 36

P

Parasitenabwehr 133
Parasitenbefall 120
PECH-Regel 128
Pfefferminze 22, **74**
pflegender, entzündungshemmender Klauenbalsam 141
pflegender Tee bei Lippengrind 137
Phytobiotika-Kugeln 112
Propolis bei Klauen- und Hautinfektionen 142
Propolis-Hautpflege bei Lippengrind 137
Propolistinktur 123
Pulver 31
Pulver gegen Blasenentzündung und Blasensteine 118
Purpurweide **82**

Q

Quark-Kamillen-Auflage bei Euterentzündungen 147

R

Reinigungsphase 121
Repellent-Mischung 133
Retterspitz-Wickel 131
Riechsinn 12
Ringelblume 20, 21, 22, **75**
Ringelblumenbalsam für raue Zitzen 145
Ringelblumensalbe für die Wundrand- und Narbenpflege 124
Rosmarin 22, **76**
Rosskastanie 23

S

Salbe 37
Salbei 19, 22, 77
Salbenauflage 40
Salbenumschlag 129
Salz oder Pulver zur Förderung der Milchbildung 144
Salzwaschlappen 131
Sanddorn 20, **78**
Saponine 23, 152
saponinhaltige Pflanzen 17
Saponinvergiftung 23
Schachtelhalmtee 136
Schafe 9
Schafgarbe 20, 22, **79**, 91
Schafschur 126
Schaumbildung 98
schaumige Gärung 100
Schleimhautentzündung
- Magen-Darm-Trakt 93
- Maul, Nüstern, Rachen 109
Schleimhautpflege 92, 93
schleimhautpflegender Kaltauszug 109
schleimhautpflegende Teemischung bei trockenem Husten 111
Schleimhautreizung 93
Schleimhautschutz 92
schleimlösende Teemischung bei festsitzendem Husten 112
schleimlösende Teemischung bei zähem Husten 112
Schleimstoffe 21, 152
schleimstoffhaltige Pflanzen 17
Schlüsselblume 23

Schmeißfliegen 120
Schnupfen 108
Schürfwunde 122
Schüttellotion 38
– für sich schließende Wunden 124
Schwarztee 19
– als adstringierende Augenkompresse 136
Seifenkraut 23
sekundäre Pflanzenstoffe 13, 14, 152
senfölhaltige Pflanzen 17
Silberweide **82**
Spitzwegerich 21, **79**
Stallapotheke 150
Stallhygiene 91
Stärkung der Atemwege 105
Stiche 134
Stiefmütterchen 23
Stieleiche **55**
Stress 91
Süßholz 23, **80**

T

Tee 32
– bei Magenkrämpfen mit Gasbildung 93
– bei Magenkrämpfen und Schleimhautentzündung 93
– bei Schleimhautentzündung 93
– bei Schleimhautreizung 93
– gegen Durchfall und Übelkeit 103
– mit milchbildungsfördernden Kräutern 144
– mit ätherisch-ölhaltigen Heilkräutern 111
– zur Milchbildung und Kräftigung 144
– zur Reinigung der Nüstern mit hautpflegenden Kräutern 109
– zur Reinigung der Nüstern mit keimhemmenden Kräutern 108
Thymian 22, **80**
Tiefensensibilität 12
Tiergesundheit 88
Tinktur 34
Traubeneiche **55**
Trauma-Sportemulsion 131
Tumorwunde 127

Übelkeit 103
Umschlag 38

Veilchen 23
Verbrennungen 125
Verdauungsbeschwerden 91, 92
verdauungsförderndes Viehsalz 96
Verdauungspulver 94
Verdauungsschwäche 94, 96
Verdauungstrakt 89, 90, 150
Verletzungen, stumpfe 128
Verstopfung 96
Verstopfungsneigung 97
Vier-Winde-Tee 99
Vitamin-C-reiche Früchte 114
Vitamin D 120
Vitaminkugel 114
Vogelmiere 23

W

Wacholderbutter 134
Walnuss 19
Wegwarte **81**
Weide **82**
Weißdorn 20, **83**
Weißkohl **84**
Weißkohlauflage 127
Wermut 22, 84
– als Hausmittel bei Appetitlosigkeit 95
Wundarten 121
Wundbehandlung 122
Wunden 151
– Akutphase 122
– Ausheilungsphase 124
– blutende 123
– entzündete, eitrige 123
– geschlossene 128
– Nachbehandlung 124
Wundheilung, Phasen der 121
Wundpaste mit Heilerde 134
Wundpulver bei blutenden Wunden 123
Wundrandpflege 124
wundreinigender, blutstillender Tee 123
Wundtinktur
– für entzündete, eitrige Wunden 123
– für frische Schürfwunden 122

Z

Zaubernuss 19, 85
Zeckenabwehr 132
Ziegen 11
Zitronenmelisse 73
Zitzenpflege 143, 145
Zubereitungen
– äußerliche 36
– innerliche 31
Zugsalbe 37
– bei Abszessen und Furunkeln 126
Zwiebelsäckchen bei Ohrenschmerzen und Ohrenentzündung 138

ÜBER DIE AUTORIN

ANDREA TELLMANN verbrachte seit ihrer Kindheit jede freie Minute auf Bauernhöfen, in Wiesen, Wäldern und Ställen. In mehreren Sommern als Aushilfe auf Kuh- und Ziegenalpen reifte in ihr der Wunsch, tiefer in die Naturheilkunde einzutauchen. In Heilkräuterausbildungen etwa an der Freiburger Heilpflanzenschule von Ursel Bühring und während ihrer dortigen Tätigkeit als Dozentin entstand ein enger Austausch mit naturheilkundlich arbeitenden Tierärztinnen und Tierärzten.

Heute lebt und arbeitet sie auf ihrem eigenen Hofgut in Staufen/Wettelbrunn. Sechs Greiner Steinschafe, zwei Esel, zwei Minischweine, zwei Pferde und Geflügel haben im Laufe der Jahre auf dem Hofgut ein Zuhause gefunden. Zusammen mit einem großen Kräutergarten ermöglichen sie ihr, vielfältige Erfahrungen mit naturheilkundlichen Anwendungen zu sammeln. Neben Kräuterseminaren für Mensch und Tier bietet sie auch regelmäßig Workshops für Ziegenzuchtvereine an.

HERZLICHEN DANK!

Die große Liebe zu Tieren und Pflanzen, verdanke ich meinen Eltern, die uns naturverbunden und mit vielen Haus- und Findel - Tierkindern aufzogen. Das erste landwirtschaftliche Wissen in der Tierversorgung erlernte ich als 7-jährige auf dem Bauernhof meines großväterlichen Vorbilds und Freundes Wilhelm Diestelhorst. Nach mehreren Ziegen- und Kuh-Alpsommern, in denen wir auf die Kraft der Pflanzen vertrauten und sie als Nahrungs- und Heilpflanzen nutzten, war es meine Heilpflanzenlehrerin und Freundin Ursel Bühring, die mich inspirierte und tiefer in das Heilpflanzenwissen eintauchen ließ.

Mit Dr. vet. Cäcilia Brendieck-Worm und Dr. vet. Alexandra Nadig, die großzügig ihr Heilpflanzenwissen für Tiere teilen, bekamen viele praktische Anwendungen eine fundierte Basis und wurden zusammen in Seminaren weitergegeben. Danke an Rebecca Sachweh, mit der zusammen ich Schafe halte und viel Prasxiserfahrungen sammeln konnte.

Die Umsetzung für dies Buch verdanke ich u.a. der Ausdauer und Geduld von Antje Munk vom Ulmer Verlag, die mir immer wieder Mut machte, das Wissen niederzuschreiben und mir Zeit einräumte dies zu tun. Des weiteren Ulf Müller, der als Lektor die Texte in mühevoller Feinarbeit optimierte und Helen Haas, die das Buch bis zum Druck betreute. Außerdem meiner lieben Freundin und Mitarbeiterin Anja Zimmer, die unermüdlich Korrektur las und mich auf allen Ebenen unterstützte.

Der größte Dank aber gilt den Pflanzen und Tieren:

Den Pflanzen, die unserer Lebensgrundlage, sowie unsere Nahrungs- und Heilmittel für Körper, Seele und Geist sind.

Und den Tieren, von denen wir uns abgeschaut haben, wie die Heilkraft der Pflanzen bei Beschwerden zur Linderung und Heilung eingesetzt werden kann.

Dieses Wissen entdecken wir immer wieder neu ...

BILDQUELLEN

Das Coverfoto stammt von Klanarong Chitmung/Shutterstock.com
Die Bilder des Innenteils stammen von:

- Adobe Stock: Icon Ziege
- Bühring, Ursel: Seite 49, 58 re.
- Naturfoto Frank Hecker: Seite 52, 72, 81 li.
- Cordula Kelle-Dingel / CoKeDi-Photographie: Seite 86–87
- Klingele, Ewald: Seite 88
- Langendorf, Saskia und Sonja: Seite 22
- mauritius images: Seite 50, 66, 67, 119, 106, 134
- Sachweh, Rebecca: Seite 120, 132
- Shutterstock.com: Aleksei Marinchenko: Seite 83; Bildagentur Zoonar GmbH: 58 li.; Branislav Cerven: 4–5; Claudio Divizia: 135; EZ2LA: 25; Ihor Hvozdetskyi: 44–45; KanphotoSS: 62; LABETAA Andre: 57; LesiChkalll27: 54; LianeM: 75, 85; Lukas Kastner: 74; Manfred Ruckszio: 60; Michael Dechev: 148–149; Mykyta Voloshyn Voloh: 48; nafterphoto: 127; Ole Schoener: 70 re.; olenaa: 95; Sergey Toronto: 56; ZoranKrstic: 69
- Schmidt-Röger, Heike: Seite 46, 61, 65 ,70 li., 77, 78 li., 78 re., 81 re., 114
- Tellmann, Andrea: Seite 7, 9, 10, 13, 14, 17, 18, 20, 30, 32, 33, 35, 36, 39, 41, 89, 91, 92, 96, 98, 105, 108, 109, 115, 116, 129, 130, 133, 136, 137, 139, 140, 142, 144, 146, 150, 158
- Worm, Dr. vet. Ferdinand: Seite 125, 151

IMPRESSUM

Die in diesem Buch enthaltenen Empfehlungen und Angaben sind von der Autorin mit größter Sorgfalt zusammengestellt und geprüft worden. Eine Garantie für die Richtigkeit der Angaben kann aber nicht gegeben werden. Autorin und Verlag übernehmen keine Haftung für Schäden und Unfälle. Bitte setzen Sie bei der Anwendung der in diesem Buch enthaltenen Empfehlungen Ihr persönliches Urteilsvermögen ein.
Der Verlag Eugen Ulmer ist nicht verantwortlich für die Inhalte der im Buch genannten Websites.

Anmerkung zur Schreibweise (Gendering):
Gendergerechtigkeit und Inklusion sind bei uns gelebte Praxis – bei der Auswahl unserer Themen, bei der Recherchearbeit, in der Gestaltung. Unsere Texte meinen alle. Damit unsere Inhalte jedoch gut lesbar bleiben, verzichten wir in diesem Werk auf die jeweilige Mehrfachnennung oder Anpassung der Schreibweise bestimmter Bezeichnungen an die weibliche, männliche oder diverse Form.

Bibliografische Information der Deutschen Nationalbibliothek
Die Deutsche Nationalbibliothek verzeichnet diese Publikation in der Deutschen Nationalbibliografie; detaillierte bibliografische Daten sind im Internet über http://dnb.d-nb.de abrufbar.

Wollgrasweg 41, 70599 Stuttgart (Hohenheim)
E-Mail: info@ulmer.de
Internet: www.ulmer.de
Projektleitung: Antje Munk, Helen Haas
Lektorat: Ulf Müller
Herstellung: Silke Reuter
Umschlaggestaltung: Verlag Eugen Ulmer
Satz: Gerhard Junker, www.redsign.de, Stuttgart
Reproduktion: time:ray, Jettingen
Druck und Bindung: Westermann Druck, Zwickau
Printed in Germany

ISBN 978-3-8186-1743-1